学习 Spring Boot 3.0

[美] 格雷格·L.特恩奎斯特 著

刘 亮 译

清华大学出版社

北京

内 容 简 介

本书详细阐述了与 Spring Boot 3.0 相关的基本解决方案,主要包括 Spring Boot 的核心功能、使用 Spring Boot 创建 Web 应用程序、使用 Spring Boot 查询数据、使用 Spring Boot 保护应用程序、使用 Spring Boot 进行测试、使用 Spring Boot 配置应用程序、使用 Spring Boot 发布应用程序、使用 Spring Boot 构建原生程序、编写响应式 Web 控制器、响应式处理数据等内容。此外,本书还提供了相应的示例、代码,以帮助读者进一步理解相关方案的实现过程。

本书适合作为高等院校计算机及相关专业的教材和教学参考书,也可作为相关开发人员的自学用书和参考手册。

北京市版权局著作权合同登记号 图字:01-2023-1003

Copyright © Packt Publishing 2022.First published in the English language under the title
Learning Spring Boot 3.0, Third Edition.

Simplified Chinese-language edition © 2023 by Tsinghua University Press.All rights reserved.

图书在版编目(CIP)数据

学习 Spring Boot 3.0 /(美)格雷格·L.特恩奎斯特著;刘亮译. —北京:清华大学出版社,2023.9
书名原文:Learning Spring Boot 3.0, Third Edition
ISBN 978-7-302-64651-8

Ⅰ. ①学… Ⅱ. ①格… ②刘… Ⅲ. ①JAVA 语言—程序设计 Ⅳ. ①TP312.8

中国国家版本馆 CIP 数据核字(2023)第 182369 号

责任编辑:贾小红
封面设计:刘 超
版式设计:文森时代
责任校对:马军令
责任印制:杨 艳

出版发行:清华大学出版社
      网 址:http://www.tup.com.cn,http://www.wqbook.com
      地 址:北京清华大学学研大厦 A 座   邮 编:100084
      社 总 机:010-83470000   邮 购:010-62786544
      投稿与读者服务:010-62776969,c-service@tup.tsinghua.edu.cn
      质量反馈:010-62772015,zhiliang@tup.tsinghua.edu.cn
印 装 者:河北鹏润印刷有限公司
经 销:全国新华书店
开 本:185mm×230mm   印 张:16   字 数:321 千字
版 次:2023 年 10 月第 1 版   印 次:2023 年 10 月第 1 次印刷
定 价:89.00 元

产品编号:099793-01

感谢我在 YouTube 上的粉丝，他们让我有机会分享我对 Spring Boot 的热爱；感谢我的孩子们，他们忍受了我在工作室空间里数小时的拍摄；还要感谢我的妻子，在我尝试建立社区时，她以实际行动坚定地支持我。

——Greg L. Turnquist

译 者 序

随着基于 Web 的应用程序开发越来越流行，云资源成为一项锱铢必较的宝贵资源。如果你接入的应用需要运行大量实例，或者采取了敏捷开发方式，需要持续集成/持续交付（CI/CD），那么每个月的云资源计费账单可能会让你不堪重负。在这种情况下，不妨考虑本书提出的解决方案（详见本书第 8 章"使用 Spring Boot 构建原生程序"），它可以为你节省大量的计费云时间。

当然，本书的亮点还不止于此。Spring Boot 3.0 是 Spring 家族中的一个全新框架，它采用了大量默认的配置来简化用户的 Spring 开发过程。本书围绕这一特点，在第 1 章"Spring Boot 的核心功能"中介绍其自动配置 Spring bean、使用 Spring Boot 启动器添加 portfolio 组件、使用配置属性自定义设置和管理应用程序依赖项 4 大特色功能。从第 2 章开始，本书介绍使用 Spring Boot 创建 Web 应用程序、查询数据、保护应用程序和进行测试等功能，还演示应用 Mustache 模板、创建基于 JSON 的 API、创建 Spring Data 存储库、使用自定义 JPA、通过 Spring Security 防范跨站请求伪造攻击、利用 Google 对用户进行身份验证（使用 OAuth 2.0）、使用 Testcontainers 测试数据存储库、使用 Spring Security Test 测试安全策略等操作；在程序发布和部署部分，本书详细解释 Spring Boot 属性覆盖的顺序，探讨使用 Spring Boot 配置应用程序的技巧和策略，解释超级 JAR 和 Docker 容器的原理，演示构建容器和将应用程序发布到 Docker Hub 的操作；最后，在扩展应用程序部分，本书介绍响应式编程和 Reactive Streams，演示如何创建响应式 Spring Boot 应用程序、制作 Thymeleaf 响应式模板以及使用 R2DBC 创建响应式数据存储库和处理数据等。

在翻译本书的过程中，为了更好地帮助读者理解和学习，本书以中英文对照的形式保留了大量的原文术语，这样的安排不但方便读者理解书中的代码，而且也有助于读者通过网络查找和利用相关资源。

本书由刘亮翻译，马宏华、黄刚、黄进青、熊爱华等也参与了部分内容的翻译工作。由于译者水平有限，书中难免有疏漏和不妥之处，在此诚挚欢迎读者提出任何意见和建议。

译　者

序

Spring Boot 如此成功，以至于几乎每个 Java 开发人员都会对它有所了解，而且许多人，甚至可能是大多数人，都会使用它，即使它有时候会令人恼火。但在软件工程中，总有新东西要学，总有新问题要解决——这就是它最终让人进步的原因。总有一些新东西需要发明，拥有编写代码的技能和机遇对于任何人来说都是非常有益的。

Spring Boot 的目标之一和本书作者的目标是一致的，那就是尽可能快速高效地将你的想法转化为代码，这样你就可以将它带到最特殊的地方：生产环境。祝你有一段短暂而愉快的学习旅程，或者是一长串短暂而愉快的学习旅程。

在这本书中，Greg 利用他熟知内情的优势将 Spring Boot 知识分解到一些常见问题中。作为一名 Java 开发人员，你几乎每天都会遇到一些必须解决的任务，例如创建 HTTP 端点、保护它们、连接到数据库和编写测试等。本书从 Spring Boot 的角度来看待这些任务，通过应用一些现代思想和工具，为这些日常任务增加了一些新的视角。阅读本书，你会从最实用的角度了解诸如超媒体和 OAuth 之类的东西。本书假设你没有 Spring 甚至 Java 的先验知识，因此任何具有一些基本技术或编程技能的人都能够轻松掌握 Spring Boot 的使用以及理解为什么要使用它。

Spring Boot 带来的不仅仅是一些主要方法、嵌入式容器、自动配置和管理端点，还带来了纯粹的编码乐趣，因为你只需要寥寥几行代码即可启动一个功能齐全的 Spring 应用程序。建议你深入阅读本书，打开一个编辑器或一个集成开发环境（IDE），并为自己启动一些应用程序。

本书作者 Greg 一直是 Spring Boot 团队的重要成员，尽管他的日常工作是在 Spring Engineering 任务中做其他事情，我们对他为这本优秀书籍所付出的努力表示感谢。他是一名非常优秀的教师、启蒙者和工程师，这在本书中表现得非常明显。阅读本书时，我甚至能清晰地听到他的声音，感受到他的人格魅力，他总是沉稳而不失热情，还带着一丝幽默。当你阅读本书时，也将感受到 Spring 编码的乐趣。

Dave Syer
Spring Boot 高级工程师兼联合创始人
伦敦，2022 年

我认识 Greg Turnquist 很多年了。在我加入 Pivotal 之后（正式入职前），第一次见到他是在 SpringOne2GX 上，这是一个关于 Spring 和其他技术的年度大会（还有人记得 Groovy 语言和 Grails 框架的辉煌岁月吗？）。我们在该会议上进行了一些很有启发性的对话，从那以后，这种对话一直在继续。

我阅读的第一批 Spring Boot 书籍之一就是 Greg 的 *Learning Spring Boot* 第一版。这本书让我有相见恨晚之感，我也将它与值得信赖的同事的其他书籍一起推荐给了很多人，作为对各种 Spring Boot 相关主题的有价值的介绍和参考。

我本人也是一名图书作者，因此，我非常理解 Greg 在编写和更新本书时的兴奋而又痛苦的心情。每位作者都必须在有限的时间和篇幅下，权衡他们想要分享的所有内容，以及他们认为重要的所有主题。Greg 巧妙地搭建了本书的体系，提供了良好的基础，然后快速转移到对开发人员重要的主题，以帮助他们使用 Spring Boot 开发和部署实际应用程序。至于数据、安全、配置，以及与 JavaScript 集成等问题，本书均涵盖其中。

我喜欢在 Spring 团队与 Greg 一起工作，也很享受我们之间的每一次对话。在我的（虚拟）工具箱中，Greg 的书总是有一个受人尊敬的位置，我希望你也能在你的工具箱中为它们腾出空间。阅读这本书，认识 Greg，你的 Spring Boot 应用程序将从中受益。

希望你的 Spring Boot 之旅一切顺利！

Mark Heckler

首席云倡导者，微软

@mkheck

正在阅读这篇前言的你，可能希望获得一些关于这本书的令人信服的推荐，以及一些关于作者生活的趣闻轶事。虽然这样写序言显得不合常规，但我就来满足一下你的愿望，谈谈这本书的作者 Greg。

Greg 在 Spring 团队的时间比我长。论及对于 Spring 的了解深度，他忘记的比大多数人知道的还要多。他对于 Spring 各个方面的研究都投入了时间。你可以相信他就是你最好的向导，完全可以指导你实现从初学者到 Spring Boot 专家的转变。

Greg 是一位很好的朋友，他和我相处融洽，因为在某些关键方面，我们非常相似。我喜欢研究一些奇怪的小项目，虽然不一定是主流，但有时可以解决一些非常令人痛苦的问题。我曾经给三个人做过一次演讲。我的演讲主题非常具体，以至于在展会的数千名与会者中，只有三个人愿意参加讨论。从这里可以看出，只要是我认定的目标，哪怕是很小的事情我也会努力搞清楚。Greg 也是如此，他无论大小事都很专注。

我们都喜欢 JVM 和 Python。这种共同的感情将我们带到了 Spring Python。很久以前，Greg 通过他的项目 Spring Python 将 Spring Framework 的一些优点带到了 Python 生态系统中。Python 的生态系统充满了每个用例的替代方案。在这片选择的海洋中，Spring Python 脱颖而出。它实现了 Spring Framework 的崇高目标，同时保持了 Python 程序员惯用的 Python 风格（Pythonic）。这显示了 Greg 对两个截然不同的生态系统的熟悉程度。

Spring Python 证明 Greg 能够潜下心来认真做研究，并且不断开阔视野，编写代码，直到解决问题——无论问题大小。

深入研究某个主题的意愿使他成为一位有天赋的作家和老师，这在他的书籍、课程、博客和文章中显而易见。他的天赋使这些印刷页面的意义远超出对软件的讲解。这是一本值得你花时间阅读的书。

本书涵盖了刚刚发布的 Spring Boot 3.0，这可以说是自 2013 年 Spring Boot（或任何 Spring 生态系统项目）首次公开发布以来最重要的版本。我知道 Spring 团队的所有人（包括 Greg）付出了比以往任何时候都更大的努力和更长的时间来发布这个版本。当然，尽管如此，Greg 还是设法在创纪录的时间内将这本书送到了你的手中。他这样做是为了让我们亲爱的读者能够在创纪录的时间内将 Spring Boot 投入实际生产中，并且提供了他解决各种问题的经验。

Josh Long

VMware 的 Spring 开发倡导者，（以及著名的 Greg Turnquist 粉丝）

@starbuxman

前　　言

　　本书专为新手和具有一定经验的 Spring 开发人员设计。它将教你如何构建 Java 应用程序，而不会在基础架构和其他烦琐的细节上浪费时间。本书将帮助你专注于在真实数据库之上构建 Web 应用程序，并使用现代安全实践进行锁定。

　　最重要的是，你会在本书中发现多种将应用程序投入生产环境的方法。如果这还不够，它甚至在末尾还给出一些秘密武器（好吧，不是真正的秘密），即通过使用响应式编程来获取和运行现有服务器（或云）中的更多内容。

本书读者

　　阅读本书，你应该对 Java 有初步的了解，最好是 Java 8 或更高版本。熟悉 lambda 函数、方法引用、记录类型和 Java 17 中新的和改进的集合 API 当然更好，但这不是必需的。使用过 Spring Boot 的以前版本（1.x、2.x）会更好，但不是必需的。

内容介绍

　　本书分为 4 篇，共 10 章。具体内容如下。

❑ 第 1 篇：Spring Boot 基础知识，包括第 1 章。

➢ 第 1 章 "Spring Boot 的核心功能"，介绍 Spring Boot 的独特魅力及其在构建应用程序时的基本功能。

❑ 第 2 篇：使用 Spring Boot 创建应用程序，包括第 2~~5 章。

➢ 第 2 章 "使用 Spring Boot 创建 Web 应用程序"，教你如何通过服务器端和客户端选项轻松地为 Java 应用程序构建 Web 层。

➢ 第 3 章 "使用 Spring Boot 查询数据"，详细介绍如何通过 Spring Data 充分利用数据库。

➢ 第 4 章 "使用 Spring Boot 保护应用程序"，展示如何使用 Spring Security 的

尖端功能从内到外锁定你的应用程序，使其免受坏人的攻击。

> 第 5 章 "使用 Spring Boot 进行测试"，教你如何通过使用模拟和嵌入式数据库进行测试，甚至将 Testcontainers 与真实数据库结合使用来建立对系统的信心。

❑ 第 3 篇：使用 Spring Boot 发布应用程序，包括第 6～8 章。

> 第 6 章 "使用 Spring Boot 配置应用程序"，展示在构建应用程序后调整应用程序的方法。

> 第 7 章 "使用 Spring Boot 发布应用程序"，探讨将应用程序投入生产环境并将其交付给用户的多种方法。

> 第 8 章 "使用 Spring Boot 构建原生程序"，向你展示如何使用亚秒级启动的原生镜像来加快你的应用程序，并且不会占用所有资源。

❑ 第 4 篇：使用 Spring Boot 扩展应用程序，包括第 9 章和第 10 章。

> 第 9 章 "编写响应式 Web 控制器"，阐释响应式编程的概念，并且演示如何编写响应式 Web 控制器。

> 第 10 章 "响应式处理数据"，探讨响应式获取数据的难题，介绍如何使用 R2DBC 以响应方式查询数据。

充分利用本书

Spring Boot 3.0 基于 Java 17 构建。通过 sdkman（https://sdkman.io），你可以轻松地安装所需的 Java 版本。第 8 章 "使用 Spring Boot 构建原生程序" 介绍如何使用 sdkman 安装特定版本的 Java 17（该版本支持在 GraalVM 上构建原生镜像）。

虽然可以使用一些文本编辑器编写代码，但任何现代集成开发环境（见表 P-1）都将大大增强编码体验。你可以选择自己最喜欢的集成开发环境。

表 P-1　本书涵盖的软件/硬件和操作系统需求

本书涵盖的软件/硬件	操作系统需求
sdkman（适用于 Java 17）（https://sdkman.io）	Windows、macOS 或 Linux
任何现代集成开发环境都可以帮助你编写代码： ❑　IntelliJ IDEA： https://springbootlearning.com/intellij-idea-try-it	Windows、macOS 或 Linux

本书涵盖的软件/硬件	操作系统需求
❑ VS Code: https://springbootlearning.com/vscode ❑ Spring Tool Suite: https://springbootlearning.com/sts	Windows、macOS 或 Linux

VS Code 和 Spring Tool Suite 是免费的。IntelliJ IDEA 有社区版和终极版。社区版是免费的，但某些 Spring 特有的功能则需要购买终极版。终极版有 30 天的免费试用期。

如果你正在使用本书的数字版本，我们建议你自己输入代码或从本书的 Github 存储库中访问代码（链接将在下文中提供）。这样做将帮助你避免与复制和粘贴代码相关的任何潜在错误。

本书并不是你构建 Spring Boot 应用程序之旅的终点。你也可以查看本书作者的 YouTube 频道 *Spring Boot Learning*，该频道将发布有关 Spring Boot 和软件工程的视频。其网址如下：

http://bit.ly/3uSPLCz

此外，以下网址也可提供有助于你编写更好应用程序的其他资源：

https://springbootlearning.com

下载示例代码文件

本书随附的代码可以在配套 GitHub 存储库中找到，其网址如下：

https://github.com/PacktPublishing/Distributed-Machine-Learning-with-Python

如果代码被更新，那么现有的 GitHub 存储库也会保持同步更新。

下载彩色图像

我们还提供了一个 PDF 文件，其中包含本书中使用的屏幕截图/图表的彩色图像。你可以通过以下地址进行下载：

　　https://packt.link/FvE6S

本书约定

　　本书中使用了许多文本约定。

　　（1）有关代码块的设置如下：

```
@Controller
public class HomeController {

    private final VideoService videoService;

    public HomeController(VideoService videoService) {
        this.videoService = videoService;
    }

    @GetMapping("/")
    public String index(Model model) {
        model.addAttribute("videos", videoService.getVideos());
        return "index";
    }
}
```

　　（2）当我们希望提醒你注意代码块的特定部分时，相关行或项目将加粗进行显示：

```
@Bean
SecurityFilterChain configureSecurity(HttpSecurity http) {
    http.authorizeHttpRequests()
        .requestMatchers("/login").permitAll()
        .requestMatchers("/", "/search").authenticated()
        .anyRequest().denyAll()
        .and()
        .formLogin()
        .and()
        .httpBasic();
    return http.build();
}
```

　　（3）任何命令行的输入或输出都采用如下所示的粗体代码形式：

```
$ cd ch7
$ ./mvnw clean spring-boot:build-image
```

（4）术语或重要单词采用中英文对照形式给出，在括号内保留其英文原文。示例如下：

Spring AMQP：使用高级消息队列协议（advanced message queuing protocol，AMQP）消息代理进行异步通信。

Spring AOP：使用面向方面的编程（aspect-oriented programming，AOP）将建议应用于代码。

（5）对于界面词汇或专有名词将保留其英文原文，在括号内添加其中文译文。示例如下：

可以看到，该页面显示了额外的安全详细信息。它具有 Username（用户名）字段以及用户已获分配的 Authorities（权限）。最后，有一个 Logout（注销）按钮。

（6）本书还使用了以下两个图标：

表示警告或重要的注意事项。

表示提示信息或操作技巧。

关 于 作 者

Greg L. Turnquist 是 Spring Data JPA 和 Spring Web Services 的首席开发人员。他为 Spring HATEOAS、Spring Data REST、Spring Security、Spring Framework 以及 Spring portfolio 的许多其他部分都做出了贡献。多年以来，他一直在用他的 script-fu 维护 Spring Data 团队 的持续集成（CI）系统。他撰写了多部关于 Spring Boot 的著作，包括 Packt 出版社的畅销 书 *Learning Spring Boot 2.0* 第二版以及第一本上市的 Spring Boot 书籍。他甚至推出了自己 的 YouTube 频道 *Spring Boot Learning*（http://bit.ly/3uSPLCz），你可以在该频道学习 Spring Boot 并享受其中的乐趣。在加入 Spring 团队之前，Greg 在 Harris Corp 担任高级软件工程 师，参与了多个项目。他拥有计算机工程硕士学位，现居美国。

感谢 Spring 团队，他们时时刻刻都在鼓励我，Dan Vega 给了我制作 YouTube 频道内 容的灵感；也要感谢 Packt 出版社的团队，他们孜孜不倦地帮助我完成了编写本书的工作。

关于审稿人

Harsh Mishra 是一名软件工程师，他喜欢学习新技术，专注于设计和开发企业解决方案。他提倡干净的代码和敏捷开发。自 2014 年以来，他一直在为金融业务开发代码，并一直使用 Java 作为主要编程语言。他还拥有 Spring、Microsoft、GCP、DevOps 以及其他企业技术方面的产品经验。

目　　录

第 3 篇　使用 Spring Boot 发布应用程序

第 4 篇　使用 Spring Boot 扩展应用程序

第 1 篇

Spring Boot 基础知识

Spring Boot 有若干个支撑其所有功能的关键要素。本篇将介绍自动配置、Spring Boot 启动器、配置属性和依赖项管理等，以帮助你构建强大的应用程序。

本篇包括以下章节：

❑ 第 1 章，Spring Boot 的核心功能

第 1 章　Spring Boot 的核心功能

Rod Johnson 是 Spring Framework 的创始人，被称为"Spring 之父"，他在 2008 年 Spring 体验大会上宣布了一项使命：降低 Java 的复杂性。

以下网址提供了一段由 TrepHub 上传的名为 *Story time with Keith Donald Co-Founder SpringSource & Founder SteadyTown 2-27-2014*（《听 SpringSource 的联合创始人和 SteadyTown 的创始人 Keith Donald 讲故事》）的 YouTube 视频：

https://springbootlearning.com/origin-of-spring

这是一段 90 分钟的视频，回顾了 Spring 的早期发展，由 Spring 的联合创始人之一 Keith Donald 讲述。在该段视频中，同样提到了降低 Java 复杂性的问题。

21 世纪中期的 Java 使用起来很有挑战性，很难测试，而且坦率地说让开发人员缺乏拥抱它的热情。

但随之而来的是一个工具包：Spring Framework。该工具包专注于简化开发人员的工作量。它给业界带来的兴奋程度可以说爆表。我亲身参加了 2008 年那次的会议，当时现场人员迸发出来的热情简直令人难以置信。

追溯到 2013 年的 SpringOne 2GX 会议上，Spring 团队推出了 Spring Boot：一种编写 Spring 应用程序的新方法。该方法导致与会人员只能站着出席。当联合领导 Phil Webb 和 Dave Syer 发表他们的首秀演讲时，我就在现场。在一个设计得像体育场演讲大厅的房间里，座位被挤得满满当当。开幕主题演讲揭示了一种构建更广泛、更强大的应用程序的革命性方法。

当我们进入 Spring Boot 3.0 的世界时，你将很快发现使用 Spring Boot 可以达到的事半功倍的能力。

本章将介绍 Spring Boot 的核心功能，从底层展示它是如何做到事半功倍的。当然，这也是为了让你先体验 Spring Boot 的运作方式，以便你在后面的章节中构建应用程序时更好地利用它。此外，本章还将阐释使 Spring Boot 功能强大的同时又保持其满足用户需求的灵活性的一些关键方面。

本章包含以下主题：

❑　自动配置 Spring bean
❑　使用 Spring Boot 启动器添加 Spring portfolio 组件

❑　使用配置属性自定义设置
❑　管理应用程序依赖项

1.1　技 术 要 求

本书需要以下工具：
❑　Java 17 开发工具包（JDK 17）。
❑　现代集成开发环境（integrated development environment，IDE）。
❑　一个 GitHub 账户。
❑　其他支持。

1.1.1　安装 Java 17

Spring Boot 3.0 建立在 Java 17 之上。要轻松地安装和使用 Java，需要使用 sdkman 作为处理安装和在不同 JDK 之间切换的工具。

请按以下步骤操作。

（1）访问 sdkman 官网。其网址如下：

https://sdkman.io/

（2）按照该站点的说明，从你的机器上的任何终端或 shell 执行：

```
curl -s "https://get.sdkman.io" | bash
```

（3）按照提供的任何后续说明进行操作。

（4）在终端或 shell 中输入以下命令以在你的计算机上安装 Java 17。

```
sdk install java 17.0.2-tem
```

出现提示时，选择它作为你在任何终端中选择的默认 JDK。

这将下载并安装 Java 17 的 Eclipse Temurin 版本（以前称为 AdoptOpenJDK）。Eclipse Temurin 是 OpenJDK 的免费开源版本，与所有标准 Java TCK 兼容。一般来说，它是各方认可的 Java 开发可接受的 Java 变体。此外，它不需要支付许可费用。

💡提示：

你如果需要一个商业支持的 Java 版本，那么必须对此做更多的研究。许多在 Java 领域提供商业支持的厂家都有各种版本选择，你可以使用最适合的产品。但如果不需要商业支持，那么 EclipseTemurin 就已经足够了。Spring 团队自己管理的许多项目使用的也是该版本。

1.1.2　安装现代 IDE

如今，大多数开发人员都使用众多免费集成开发环境（IDE）中的一种来完成他们的开发工作。你可以考虑以下选项：

❑　IntelliJ IDEA——社区版

https://www.jetbrains.com/idea/

❑　Spring Tools 4

https://spring.io/tools

➢　Spring Tools 4 for Eclipse
➢　Spring Tools 4 for VS Code

IntelliJ IDEA 是一个强大的 IDE。其社区版是免费的，其中有很多内容可以很好地为你服务。售价 499 美元的终极版是一个完整的软件包。如果你获得了该版本（或说服你的公司购买许可证），那么这是一项有价值的投资。

至于 Spring Tools 4，无论你选择 Eclipse 还是 VS Code 版本，都是一个强大的组合。

你如果不确定哪一个版本适合你，则可以先试用，看看哪一个版本可为你提供最好的功能。它们都对 Spring Boot 提供了高水平的支持。

有些人更喜欢旧文本编辑器。如果你也是如此，那也很好。不过在做出选择之前你至少需要评估这些 IDE。

1.1.3　创建 GitHub 账户

对于任何进入 21 世纪软件开发世界的人来说，他们如果还没有一个 GitHub 账户，则应创建一个。它将简化对众多工具和系统的访问。

如果你刚刚开始入门，请访问以下网址：

https://github.com/join

本书的代码托管在 GitHub 存储库上，其网址如下：

https://github.com/PacktPublishing/Learning-Spring-Boot-3.0

你可以按照本书中提供的代码进行操作，但你如果需要查看源代码，则可以访问上述链接并为自己获取一份副本。

1.1.4　寻找其他支持

最后，以下资源可以为你提供更多帮助。

我开设了一个专注于帮助人们使用 Spring Boot 的 YouTube 频道。其中的所有视频和直播都是完全免费的。其网址如下：

https://youtube.com/@SpringBootLearning

如果你已经下载了 Java 17 并安装了 IDE，那么一切就绪，让我们开始学习吧！

1.2　自动配置 Spring bean

Spring Boot 具有许多功能。但到目前为止，众所周知的是自动配置。

实际上，当 Spring Boot 应用程序启动时，它会检查我们的应用程序的许多部分，包括 classpath。根据应用程序看到的内容，它会自动将额外的 Spring bean 添加到应用程序上下文中。

1.2.1　了解应用程序上下文

如果你是一个 Spring 新手，那么当你听到应用程序上下文（application context）时，有必要先了解其内容。

每当 Spring Framework 应用程序启动时，无论是否涉及 Spring Boot，它都会创建一个容器。在 Spring Framework 的应用程序上下文中注册的各种 Java bean 被称为 Spring bean。

💡 提示：

什么是 Java bean？Java bean 是遵循特定模式的对象：所有字段都是私有的；它们通过 getter 和 setter 提供对其字段的访问，它们没有参数构造函数，并且实现了 Serializable 接口。

例如，具有 name 和 location 字段的 Video 类型的对象将这两个字段设置为 private，并提供 getName()、getLocation()、setName()和 setLocation()作为更改此 bean 状态的方法。此外，它还有一个无参数的 Video()构造函数调用。这基本上是一个惯例。许多工具都通过 getter 和 setter 提供属性支持。但是，实现 Serializable 接口的要求并没有被严格执行。

Spring Framework 有一个根深蒂固的概念,称为依赖注入(dependency injection,DI),其中 Spring bean 可以表达它对其他类型 bean 的需求。例如,一个 BookRepository bean 可能需要一个 DataSource bean:

```
@Bean
public BookRepository bookRepository(DataSource dataSource) {
    return new BookRepository(dataSource);
}
```

当 Spring Framework 看到上述 Java 配置时,将导致以下操作流程:

（1）bookRepository 需要一个 DataSource。

（2）向应用程序上下文询问 DataSource。

（3）应用程序上下文已经拥有它,或者创建一个并返回它。

（4）bookRepository 在引用应用程序上下文的 DataSource 时执行其代码。

（5）BookRepository 以 bookRepository 的名称注册在应用程序上下文中。

应用程序上下文将确保应用程序所需的所有 Spring bean 都已被创建并正确地相互注入。这被称为装配(wire)。

为什么要有这么多的步骤而不是对各种类定义都执行一些新操作呢?很简单,这是启动应用程序的标准情况,所有 bean 都按预期装配在一起。

对于测试用例,覆盖某些 bean 并切换到桩(stub)或模拟 bean 是可能的。

对于云环境,很容易找到所有 DataSource 并将它们替换为链接到绑定数据服务的 bean。

在我们的 BookRepository 示例中,通过删除新操作,并将该责任委托给应用程序上下文,我们打开了通往灵活选项的大门,这些灵活选项使应用程序开发和维护的整个生命周期都变得更加容易。

本书将探讨 Spring Boot 如何充分利用 Spring Framework 的能力来根据各种情况注入 bean。重要的是要认识到,Spring Boot 不会取代 Spring Framework,而是会高度利用它。

现在你已经知道了什么是应用程序上下文,接下来让我们深入了解 Spring Boot 通过自动配置使用它的多种方式。

1.2.2　探索 Spring Boot 中的自动配置策略

Spring Boot 带有大量的自动配置策略。它们包含@Bean 定义的类,这些类是根据特定条件注册的。让我们来看一个例子。

Spring Boot 如果在 classpath 的某个地方发现 DataSource 的类〔这是可以在任何 Java 数据库连接(Java database connectivity,JDBC)驱动程序中找到的类〕定义,那么将激活其 DataSourceAutoConfiguration。该策略将塑造某个版本的 DataSource bean。这是由在该策略上找到的@ConditionalOnClass({ DataSource.class })注解驱动的。

在 DataSourceAutoConfiguration 内部的是内部类，每个内部类都由各种因素驱动。例如，某些类会辨别我们是否使用了嵌入式数据库（如 H2），另一些类则会判断是否使用了池化 JDBC 资产（如 HikariCP）。

在这种情况下，我们不再需要配置 H2 DataSource。通过这种方式，那些在多个应用程序中经常出现的相同的基础代码就不需要我们操心了，并且可以直接由 Spring Boot 管理。开发人员可以更快地转向编写使用它的业务代码。

Spring Boot 的自动配置策略还内置了智能排序功能，确保正确添加 bean。至于具体细节，则根本不必担心，Spring Boot 自会搞定一切。

大多数时候，我们甚至不必知道 Spring Boot 在做什么。它完全可以在将各种内容添加到构建配置中时做正确的事情。

我们需要知道的重点是，许多功能（如 servlet 处理程序、视图解析器、数据存储库、安全过滤器等）都可以仅基于我们添加到构建文件中的依赖项而被激活。

那么你知道还有什么功能是比自动添加 Spring bean 更贴心的吗？答案是它更尊重开发人员的自定义设置。

例如，一些 bean 是基于 classpath 设置创建的。但是如果在我们的代码中检测到某个 bean 定义，则自动配置将不会启动。

继续前面的示例，如果我们将诸如 H2 之类的东西放在我们的 classpath 中，但定义一个 DataSource bean 并将其注册到应用程序上下文中，则 Spring Boot 将接受我们的 DataSource bean 而不是它们的。

这里没有特殊的钩子，也无须告诉 Spring Boot。你只需创建你自己认为合适的 bean，Spring Boot 就会选择并运行它！

这听起来可能是小事一桩，但 Spring Boot 的自动配置功能是变革性的。如果我们专注于添加项目所需的所有依赖项，则 Spring Boot 将如前所述做正确的事情。

Spring Boot 中内置的一些自动配置策略已经扩展到以下领域：

❑ Spring AMQP：使用高级消息队列协议（advanced message queuing protocol, AMQP）消息代理进行异步通信。

❑ Spring AOP：使用面向方面的编程（aspect-oriented programming, AOP）将建议应用于代码。

❑ Spring Batch：使用批处理作业处理大量内容。

❑ Spring Cache：通过缓存结果减轻服务负载。

❑ Data store connections：数据存储连接，包括 Apache Cassandra、Elasticsearch、

Hazelcast、InfluxDB、JPA、MongoDB、Neo4j 和 Solr 等。

❑ Spring Data：包括 Apache Cassandra、Couchbase、Elasticsearch、JDBC、JPA、LDAP、MongoDB、Neo4j、R2DBC、Redis 和 REST 等，目的是简化数据访问。

❑ Flyway：数据库模式管理。

❑ Templating engines：模板引擎，包括 Freemarker、Groovy、Mustache 和 Thymeleaf 等。

❑ Serialization/deserialization：序列化/反序列化，包括 Gson 和 Jackson 等。

❑ Spring HATEOAS：将超媒体作为应用程序状态引擎（hypermedia as the engine of application state，HATEOAS）或超媒体添加到 Web 服务。

❑ Spring Integration：支持集成规则。

❑ Spring JDBC：简化通过 JDBC 访问数据库。

❑ Spring JMS：通过 Java 消息服务（Java messaging service，JMS）实现异步。

❑ Spring JMX：通过 Java 管理扩展（Java management extension，JMX）管理服务。

❑ jOOQ：使用 Java 面向对象查询（Java object oriented querying，jOOQ）查询数据库。

❑ Apache Kafka：异步消息传递。

❑ Spring LDAP：基于轻量级目录访问协议（lightweight directory access protocol，LDAP）的目录服务。

❑ Liquibase：数据库模式管理。

❑ Spring Mail：发布电子邮件。

❑ Netty：一个异步 Web 容器（非基于 servlet 的）。

❑ Quartz scheduling：定时任务。

❑ Spring R2DBC：通过响应式关系数据库连接（reactive relational database connectivity，R2DBC）访问关系数据库。

❑ SendGrid：发布电子邮件。

❑ Spring Session：Web 会话管理。

❑ Spring RSocket：支持称为 RSocket 的异步有线协议。

❑ Spring Validation：Bean 验证。

❑ Spring MVC：Spring 的主力程序，用于使用模型-视图-控制器（model-view-controller，MVC）范式的基于 servlet 的 Web 应用程序。

❑ Spring WebFlux：Spring 的 Web 应用响应式解决方案。

❑ Spring Web Service：基于简单对象访问协议（simple object access protocol，SOAP）的服务。

❑　Spring WebSocket：支持 WebSocket 消息传递 Web 协议。

这只是一个一般性的列表，并非全部。从这里，我们还可以看出 Spring Boot 的广度。

尽管这组策略及其各种 bean 很酷，但仍缺少一些可以使其变得完美的东西。例如，你能想象由你自己来管理所有这些库的版本吗？或者让你自己来将设置和组件关联在一起吗？那样想必是非常麻烦的。因此，接下来让我们看看这些方面的操作。

1.3　使用 Spring Boot 启动器添加 portfolio 组件

还记得前文我们讨论的添加 H2 的例子吗？如果我们要使用 Spring MVC 呢？或者要使用 Spring Security 呢？

让我们就从这个例子开始，但我假设你没有将任何项目依赖提交给内存。Spring Boot 能提供的是什么呢？一组虚拟依赖项，可以简化向构建中添加内容的过程。

如果将 org.springframework.boot:spring-boot-starter-web（如以下代码所示）添加到项目中，那么它将激活 Spring MVC：

```
<dependency>
    <groupId>org.springframework.boot</groupId>
    <artifactId>spring-boot-starter-web</artifactId>
</dependency>
```

如果将 org.springframework.boot:spring-boot-starter-data-jpa 添加到项目中（如以下代码所示），那么它将激活 Spring Data JPA：

```
<dependency>
    <groupId>org.springframework.boot</groupId>
    <artifactId>spring-boot-starter-data-jpa</artifactId>
</dependency>
```

有 50 种不同的 Spring Boot 启动器，每一种都与 Spring portfolio 和其他相关第三方库的各个部分完美协调。

但在这里我们要解决的问题并不只是将 Spring MVC 添加到 classpath 中而已。事实上，org.springframework.boot:spring-boot-starter-web 和 org.springframework:spring-webmvc 之间几乎没有什么区别。这个问题通过互联网搜索引擎就可以简单解决了。

因此，真正的问题是，如果我们想要 Spring MVC，那么这意味着我们可能想要整个 Spring Web 体验。

ℹ️ **注意：**

Spring MVC 与 Spring Web 有什么区别？

SpringFramework 有 3 个涉及 Web 应用程序的工件：SpringWeb、SpringMVC 和 SpringWebFlux。

Spring MVC 是特定于 servlet 的程序。

SpringWebFlux 用于响应式 Web 应用程序开发，并且不与任何基于 servlet 的契约绑定。

SpringWeb 包含 SpringMVC 和 SpringWebFlux 之间共享的公共元素。这主要包括 Spring MVC 多年来一直采用的基于注解（annotation）的编程模型。这意味着，当你想开始编写响应式 Web 应用程序时，不必学习一个全新的范例来构建网络控制器。

如果要添加 spring-boot-starter-web，那么以下项目就是我们需要的：

❑ Spring MVC 和 Spring Web 中的相关注解。这些是支持基于 servlet 的 Web 应用程序的 Spring Framework 代码。

❑ 用于 JSON 的序列化和反序列化的 Jackson Databind（包括 JSR 310 支持）。

❑ 嵌入式 Apache Tomcat servlet 容器。

❑ Core Spring Boot 启动器。

❑ Spring Boot。

❑ Spring Boot Autoconfiguration。

❑ Spring Boot Logging。

❑ Jakarta 注解。

❑ Spring Framework Core。

❑ SnakeYAML，用于处理基于 YAML Ain't Markup Language（YAML）的属性文件。

ℹ️ **注意：**

Jakarta 是什么？Jakarta EE 是新的官方规范，取代了 Java EE。Oracle 在向 Eclipse Foundation 发布其 Java EE 规范时，无意放弃其商标中的 Java 品牌（也不会授予许可证）。因此，Java 社区选择了 Jakarta 作为未来的新品牌——Jakarta 其实是印尼首都雅加达的英文译名，取这个名字大概是因为它就在爪哇（Java）岛上。

Jakarta EE 9+是 Spring Boot 3.0 支持的官方版本。有关详细信息，请查看我的视频：What is Jakarta EE?（"什么是 Jakarta EE？"），该视频网址如下：

https://springbootlearning.com/jakarta-ee

这个启动器足以让你构建一个真正的 Web 应用程序，这还不算模板引擎。

现在我们有了自动配置，它可以在应用程序上下文中注册关键 bean；我们还有启动器，它可以简化将 Spring portfolio 组件放入 classpath 中的操作，唯一还缺少的就是插入自定义设置的能力，因此接下来就让我们看看这个问题。

1.4　使用配置属性自定义设置

我们决定采用 Spring Boot 并开始添加它的一些神奇启动器。如前文所述，这将激活一些 Spring bean。

假设我们正在构建一个 Web 应用程序并选择了 Spring MVC 的 spring-boot-starter-web 启动器，它将激活嵌入式 Apache Tomcat 作为选定的 servlet 容器。在这种情况下，Spring Boot 将被迫做出很多假设。

例如，它应该监听哪个端口？上下文路径呢？安全套接字层（secure socket layer，SSL）呢？线程呢？Tomcat servlet 容器需要许多参数来启动。

Spring Boot 会自动选择这些参数。那么，我们需要做些什么呢？还是说，我们只能被动接受一切？不。

Spring Boot 引入了配置属性（configuration property），作为将属性设置插入任何 Spring bean 中的一种方式。Spring Boot 可能会使用默认值加载某些属性，但我们完全可以根据自己的需要覆盖它们。

最简单的例子是前面提到的第一个属性——服务器端口。

Spring Boot 启动时会设置默认端口，但这是可以更改的。开发人员可以通过首先将 application.properties 文件添加到 src/main/resources 文件夹中来完成该操作。例如，你可以在该文件中添加以下内容：

```
server.port=9000
```

该 Java 属性文件是一种自 Java 1.0 早期就支持的文件格式，它包含一个由等号（=）分隔的键值对列表。左侧包含键（server.port），右侧包含值（9000）。

当 Spring Boot 应用程序启动时，它将查找此文件并扫描其所有属性条目，然后应用它们。这样，Spring Boot 将从其默认端口 8080 切换到端口 9000。

🛈 注意：

当你需要在同一台机器上运行多个基于 Spring Boot 的 Web 应用程序时，服务器端口属性非常方便。

Spring Boot 并不限于可应用于嵌入 Apache Tomcat 的少数属性。Spring Boot 有替代

的 servlet 容器启动器，包括 Jetty 和 Undertow。第 2 章"使用 Spring Boot 创建 Web 应用程序"中，我们将学习如何选择 servlet 容器。

重要的是要知道，无论我们使用哪个 servlet 容器，servlet.port 属性都将被正确应用以切换 servlet 服务 Web 请求的端口。

也许你想知道这是为什么？其实很简单，在 servlet 容器之间具有公共端口属性可以简化 servlet 容器的选择。

是的，如果我们需要更精细级别的控制，则可以使用特定于容器的属性设置。但是，通用属性使我们可以轻松地选择喜欢的容器并移动到选择的端口和上下文路径。

这个话题已经有点超前了。Spring Boot 属性设置的重点其实与 servlet 容器无关，它的重点是可以使应用程序在运行时更灵活。

接下来，让我们看看如何创建配置属性。

1.4.1　创建自定义属性

前文提到了配置属性可以应用于任何 Spring bean。这不仅适用于 Spring Boot 的自动配置 bean，也适用于我们自己的 Spring bean。

来看以下代码：

```
@Component
@ConfigurationProperties(prefix = "my.app")
public class MyCustomProperties {
    // 如果需要默认值，则可以在这里或构造函数中赋值
    private String header;
    private String footer;

    // getter 和 setter
}
```

对上述代码的解释如下：

❑ @Component 是 Spring Framework 的注解，用于在应用程序启动时自动创建该类的实例并将其注册到应用程序上下文中。

❑ @ConfigurationProperties 是一个 Spring Boot 注解，它将此 Spring bean 标记为配置属性的来源。它表示此类属性的前缀将是 my.app。

类本身必须遵守标准的 Java bean 属性规则。它将创建各种字段并包括适当的 getter 和 setter 函数——在本例中为 getHeader()和 getFooter()。

将该类添加到应用程序中后，我们可以包含自定义属性，如下所示：

```
application.properties:
my.app.header=Learning Spring Boot 3
my.app.footer=Find all the source code at https://github.com/
PacktPublishing/Learning-Spring-Boot-3.0
```

这两行将由 Spring Boot 读取并注入 MyCustomProperties Spring bean 中（在该 bean 被注入应用程序上下文中之前）。然后，我们可以将该 bean 注入应用程序的任何相关组件中。

但是，这里有一个更纠结的概念是需要包括不应硬编码到应用程序中的属性，如下所示：

```
@Component
@ConfigurationProperties(prefix = "app.security")
public class ApplicationSecuritySettings {

    private String githubPersonalCode;

    public String getGithubPersonalCode() {
        return this.githubPersonalCode;
    }

    public void setGithubPersonalCode
        (String githubPersonalCode) {
            this.githubPersonalCode = githubPersonalCode;
    }
}
```

上述代码与前面的代码非常相似，但有以下区别：

❑　该类的属性的前缀是 app.security。

❑　githubPersonalCode 字段是一个字符串，用于存储 API 密码，该密码可能用于通过其 OAuth API 与 GitHub 进行交互。

需要与 GitHub 的 API 交互的应用程序需要输入密码才能进入。我们当然不想将密码嵌入应用程序中，否则如果密码要更改怎么办？我们岂不是要为此重新构建和重新部署整个应用程序？

因此，最好将应用程序的某些方面委托给外部源，接下来就让我们看看该怎么做。

1.4.2　外部化应用程序配置

如前文所述，虽然你可以将属性放入应用程序的 application.properties 文件中，但这并不是唯一的方法。当涉及为 Spring Boot 提供应用程序属性时，我们还有更多的选择，而不是只能将它放在可交付文件中。

Spring Boot 不仅会在启动时查找 JAR 文件中的 application.properties，它还将直接在我们运行应用程序的文件夹中进行查找，以在其中找到任何 application.properties 文件并加载它们。

因此，我们可以将 JAR 文件连同它旁边的 application.properties 文件一起交付，以便立即覆盖预先写入的 Spring Boot 的属性。

这还不是全部，我们还有更多选择，Spring Boot 还支持配置文件（profile）。

什么是配置文件？顾名思义，就是我们可以创建用来进行属性覆盖的特殊配置信息。一个很好的例子是：我们可以为开发环境创建一种配置，为测试环境创建一种配置，为生产环境又创建另一种配置。

也就是说，我们可以创建 application.properties 的多个变体，如下所示：

❑ application-dev.properties：激活 dev 配置文件时应用的一组属性。

❑ application-test.properties：在应用 test 配置文件时应用。

❑ application.properties：始终被应用，因此它可以被认为是生产环境。

不妨来看一个例子。

想象一下，在名为 my.app.databaseUrl 的属性中，捕获了我们的数据库连接详细信息，如下所示：

```
application.properties:
my.app.databaseUrl=https://user:pass@production-server.com:1234/prod/
```

但是，我们的测试系统肯定不会被链接到同一个生产服务器。因此，我们必须提供具有以下覆盖值的 application-test.properties：

```
application-test.properties:
my.app.databaseUrl=http://user:pass@test-server.com:1234/test/
```

要激活此覆盖属性，只需在运行应用程序时将 -Dspring.profiles.active=test 作为 Java 命令的额外参数包含在内即可。

开发环境的属性覆盖留给你作为练习。

ℹ️ **注意：**

由于生产环境是应用程序运行的最终环境，因此通常最好让 application.properties 成为属性设置的生产版本。其他环境或配置则使用不同的配置文件。

如前文所述，Spring Boot 将扫描嵌入在 JAR 内部和外部的 application.properties 文件

中，对于特定配置的属性文件来说也是如此。

到目前为止，我们已经提到了内部和外部属性，这既包括默认配置的属性，也包括特定配置的属性。事实上，还有更多方式可以将属性设置绑定到 Spring Boot 应用程序中。

以下列表中即包含若干方式（从最低优先级到最高优先级排序）：

- ❑ Spring Boot 的 SpringApplication.setDefaultProperties()方法提供的默认属性。
- ❑ @PropertySource 注解的@Configuration 类。
- ❑ 配置数据（例如 application.properties 文件）。
- ❑ 仅具有 random.*属性的 RandomValuePropertySource。
- ❑ 操作系统环境变量。
- ❑ Java 系统属性（System.getProperties()）。
- ❑ 来自 java:comp/env 的 JNDI 属性。
- ❑ ServletContext 初始化参数。
- ❑ ServletConfig 初始化参数。
- ❑ 来自 SPRING_APPLICATION_JSON 的属性（嵌入在环境变量或系统属性中的内联 JSON）。
- ❑ 命令行参数。
- ❑ 测试环境中的 properties 属性。这可以通过@SpringBootTest 注解和基于切片的测试获得。第 5 章"使用 Spring Boot 进行测试"将介绍该操作。
- ❑ 测试环境中的@TestPropertySource 注解。
- ❑ DevTools 全局设置属性（当 Spring Boot DevTools 处于活动状态时的$HOME/.config/spring-boot 目录）。

配置文件的优先级顺序如下：

- ❑ 打包在 JAR 文件中的应用程序属性。
- ❑ JAR 文件中特定配置的应用程序属性。
- ❑ JAR 文件之外的应用程序配置文件。
- ❑ JAR 文件之外的特定配置的应用程序属性。

你可能觉得这有点像绕口令，不过没关系，你只要记住一点：我们可以确保某些 bean 仅在某些配置文件被激活时才被激活。

属性的作用并不局限于注入数据值。接下来，让我们看看如何制作基于属性的 bean。

1.4.3　配置基于属性的 Bean

属性不仅仅用于提供设置，还用于管理创建哪些 bean 以及何时创建。以下代码是定义 bean 的常见模式：

```
@Bean
@ConditionalOnProperty(prefix="my.app", name="video")
YouTubeService youTubeService() {
    return new YouTubeService();
}
```

上述代码可以解释如下：

❑ @Bean 是 Spring 的注解，表示在创建应用上下文时调用下面的代码，将创建的
　实例添加为 Spring bean。

❑ @ConditionalOnProperty 是 Spring Boot 的注解，用于根据属性的存在条件执行
　相应的操作。

我们如果设置 my.app.video=youtube，那么将创建一个 YouTubeService 类型的 bean
并将其注入应用程序上下文中。实际上，在这种情况下，我们用任何值定义 my.app.video，
它都会创建该 bean。

如果该属性不存在，则不会创建该 bean。这使得我们不必处理配置文件。

你也可以进一步对此进行微调，如下所示：

```
@Bean
@ConditionalOnProperty(prefix="my.app", name="video",
havingValue="youtube")
YouTubeService youTubeService() {
    return new YouTubeService();
}
@Bean
@ConditionalOnProperty(prefix="my.app", name="video",
havingValue="vimeo")
VimeoService vimeoService() {
    return new VimeoService();
}
```

上述代码可以解释如下：

❑ @Bean 和之前一样，将定义要创建的 Spring bean 并将其添加到应用程序上下
　文中。

❑ @ConditionalOnProperty 会将这些 bean 条件化，即，仅在命名属性具有指定值
　时才创建。

现在，我们如果设置 my.app.video=youtube，则会创建一个 YouTubeService。但是，
我们如果设置 my.app.video=vimeo，则会创建一个 VimeoService bean。

所有这些方式为定义应用程序属性提供了丰富的选择。我们可以创建我们需要的所有配置 bean，也可以根据不同的环境应用不同的覆盖，并且还可以对各种服务的变体进行条件化，即基于属性创建不同的服务。

我们可以控制哪些属性设置适用于给定环境，例如测试环境、开发环境、生产设置或备份设施。我们甚至还可以根据不同的云提供商应用不同设置。

大多数现代集成开发环境（如 IntelliJ IDEA、Spring Tool Suite、Eclipse 和 VS Code）都在 application.properties 文件中提供自动完成功能！本书其余部分将更详细地介绍这一点。

要开发一个强大的应用程序，还需要考虑的一件事就是维护它的方法。因此，接下来让我们看看如何管理应用程序依赖项。

1.5　管理应用程序依赖项

作为一个 Spring Boot 新手，你可能会忽略一件貌似很细微的事情。这件事可以用一些简单的问题来表示，例如：

哪个版本的 Spring Framework 最适合哪个版本的 Spring Data JPA 和 Spring Security？

该问题虽然不引人注意，但还是比较棘手的。事实上，多年来，开发人员可能已经花费了大量的时间和精力来管理版本的依赖性。

想象一下，现在又有新版本的 Spring Data JPA 发布了，它更新了你一直在等待的按例查询（query by example，QBE）选项，即处理在 getter 中使用 Java Optional 类型域对象的选项。这个问题一直困扰着你，因为只要有一个 Optional.EMPTY，它就会出错。

所以，你迫切希望升级。

但是，你并不知道是否可以这样做，因为上次升级花费了你一周的时间。这包括仔细研究 Spring Framework 和 Spring Data JPA 的版本报告的时间。

问题是你的系统还使用了 Spring Integration 和 Spring MVC。如果升级版本，那么其他依赖项是否也会遇到各种层出不穷的问题呢？

既然有了自动配置这个堪称神奇的功能，如果你还不得不处理这个难题，那么所有那些貌似光鲜亮丽的启动器和易于使用的配置属性未免显得有些名不副实。

这就是为什么 Spring Boot 还加载了 195 个已验证版本的广泛列表。如果你选择了某个版本的 Spring Boot，那么 Spring portfolio 的适合版本以及一些最流行的第三方库将已经被选中。

这意味着你无须了解依赖项版本管理的细节，只要升级 Spring Boot 的版本即可获得所有相关改进。

Spring Boot 团队不仅发布软件，还发布 Maven 材料清单（bill of materials，BOM）。这是一个单独的模块，称为 Spring Boot Dependencies。当你采用 Spring Boot 时，它已自动融入模块中，而无须你执行任何操作。

有了它，你就可以轻松地获得新功能、错误补丁和任何安全问题的解决方案。

ⓘ 注意：

无论你使用的是 Maven 还是 Gradle，都无所谓。任何一个构建系统都可以使用 Spring Boot 依赖项并应用它们的托管依赖项集合。

本书不会讨论如何在构建系统中配置 Spring Boot 依赖项。你只需要理解你可以选择自己喜欢的构建系统即可。第 2 章"使用 Spring Boot 创建 Web 应用程序"将介绍如何应用这一点。

最后一部分是关键，所以在这里有必要重复一遍：当有人向 Spring 团队报告通用漏洞披露（common vulnerabilities and exposures，CVE）安全漏洞时，无论 Spring portfolio 的哪个组件受到影响，Spring Boot 团队都会制作出相应的安全补丁版本。

该 BOM 与 Spring Boot 的实际代码一起发布。我们所要做的就是在我们的构建文件中调整 Spring Boot 的版本，余下的一切都会自动进行。

用 Spring Boot 的项目负责人 Phil Webb 的话来说，如果 Spring Framework 是各种配料的集合，那么 Spring Boot 就是一个预先烤好的蛋糕。

1.6　小　　结

本章简单展示了 Spring Boot 的魅力，它不仅带来了 Spring bean，而且还减轻了用户编码的负担。我们讨论了 Spring Boot 启动器，它使得添加 Spring portfolio 的各种功能以及一些包含依赖项的第三方库变得非常容易；我们介绍了 Spring Boot 利用属性文件的方式，它使得我们可以轻松地覆盖自动配置的各种设置；我们演示了如何配置自定义属性，或者创建属性文件的多个变体。最后，我们还了解到，Spring Boot 可以管理一整套库依赖项，这使得我们只要在构建文件中调整 Spring Boot 的版本即可，余下的依赖项管理工作都可以交给 Spring Boot 自动完成。

在第 2 章"使用 Spring Boot 创建 Web 应用程序"中，我们将从 Web 层面开始，通过构建第一个 Spring Boot 3 应用程序来探索如何应用本章阐释的概念。我们将制作模板和基于 JSON 的 API，甚至还会加入一些 JavaScript 应用程序。

第 2 篇

使用 Spring Boot 创建应用程序

Spring Boot 使开发人员可以集中精力深入研究用户所需的编码功能的核心，而不必将时间浪费在对基础设施的编码上。因此，本篇将学习如何使用 Web 模板和 JSON API，然后将你的 Web 层链接到一组丰富的数据库操作。你还将学习如何确保应用程序整体的安全，以便只有合适的用户才能访问其各种功能。最后，本篇还将讨论如何应用各种测试策略来保证你所开发的应用程序的品质。

本篇包括以下 4 章：

❑ 第 2 章，使用 Spring Boot 创建 Web 应用程序

❑ 第 3 章，使用 Spring Boot 查询数据

❑ 第 4 章，使用 Spring Boot 保护应用程序

❑ 第 5 章，使用 Spring Boot 进行测试

第 2 章　使用 Spring Boot 创建 Web 应用程序

第 1 章 "Spring Boot 的核心功能" 详细介绍了 Spring Boot 具有的一些强大功能，包括自动配置、启动器和配置属性。结合托管依赖项，开发人员可以轻松地升级到受支持的 Spring portfolio 组件版本以及第三方库。

在 start.spring.io 的帮助下，我们将学习使用 Spring Boot 创建 Web 应用程序的基础知识。这是至关重要的，因为本书的后续章节将建立在这个基础上。由于当今大多数应用程序开发都集中在 Web 应用程序上，因此了解 Spring Boot 如何简化整个过程将为你打开未来几年构建应用程序的大门。

本章包含以下主题：

❑　使用 start.spring.io 构建应用程序
❑　创建 Spring MVC Web 控制器
❑　使用 start.spring.io 扩充现有项目
❑　利用模板创建内容
❑　创建基于 JSON 的 API
❑　将 Node.js 挂接到 Spring Boot Web 应用程序

💡 提示：

本章代码网址如下：

https://github.com/PacktPublishing/Learning-Spring-Boot-3.0/tree/main/ch2

2.1　使用 start.spring.io 构建应用程序

现在这个世界上到处都是用于构建 Web 应用程序的不同 Web 堆栈和工具包，它们都带有挂钩和模块以绑定到各种构建系统中。

但是没有任何一个工具包能够引领潮流，帮助我们直接组装一个准系统应用程序。

在 Spring Boot 出现之前，开发人员通常会执行以下操作之一来启动一个新项目：

❑　选项 1：耙梳一遍 stackoverflow.com，寻找示例 Maven 构建文件。
❑　选项 2：挖掘参考文档，将构建 XML 的片段拼凑在一起，希望它们能起作用。
❑　选项 3：搜索知名专家撰写的各种博客站点，祈祷他们的文章中包含构建细节。

在这种情况下，我们可能不得不应对模块过时的问题。我们可能会遇到一个不再存在的配置选项，或者该配置选项没有做我们需要它做的任何事情。

Spring Boot 的出现带来了一个相关网站（由 Spring 团队维护）：Spring Initializr。其网址如下：

start.spring.io

start.spring.io 具有以下主要功能：

❑　允许开发人员选择希望使用的 Spring Boot 版本。

❑　允许开发人员选择喜欢的构建工具（Maven 或 Gradle）。

❑　允许开发人员输入项目的相关信息（工件、组、描述等）。

❑　允许开发人员选择将项目构建在哪个版本的 Java 上。

❑　允许开发人员选择在项目中使用的各种模块（Spring 和第三方库）。

现在我们将从选择希望使用的构建工具、语言和 Spring Boot 版本开始，如图 2.1 所示。

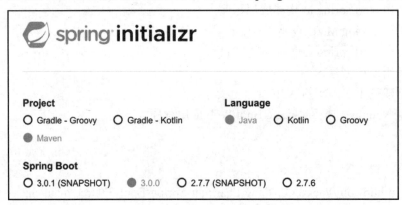

图 2.1　选择构建系统（Maven）、语言（Java）和 Spring Boot 版本（3.0.0）

在图 2.1 中，重要的是可以看到我们有多个选项。我们可以为构建系统选择 Maven 或 Gradle，并在 3 种语言（Java、Kotlin 或 Groovy）之间进行选择。本书将始终使用 Java。但是，你或你的团队如果想要利用 Kotlin 的强大功能，则可以选择它并将所有正确的插件连接到你的项目中。

Spring Initializr 还允许我们选择希望使用的 Spring Boot 版本。需要指出的是，根据选择的版本，项目中可能会存在一些细微差别，对于本书来说，我们将选择 3.0.0。当然，开发人员不必担心版本差异的问题，原因在第 1 章"Spring Boot 的核心功能"中已有解释。

还有一点你需要知道，当有新版本的 Spring Boot 发布时，该网站会自动更新！

在选择了构建系统、语言和 Spring Boot 版本之后，我们还需要在页面下方输入项目的详细信息，如图 2.2 所示。

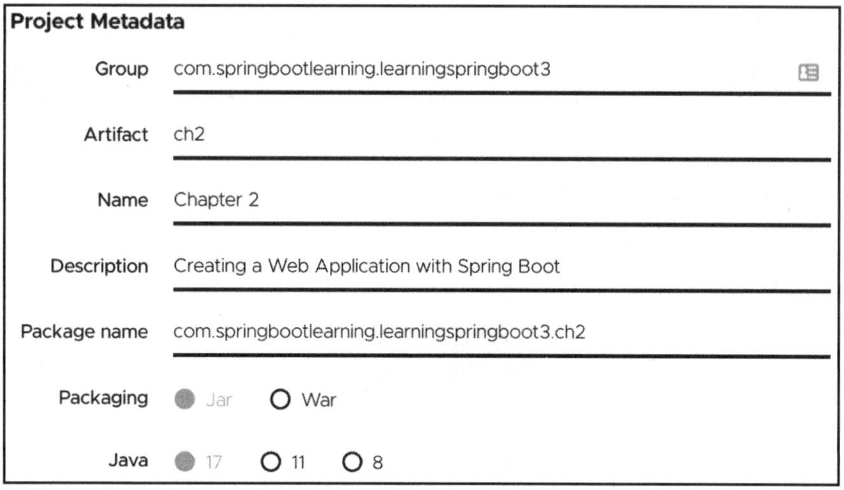

图 2.2　输入项目信息、选择打包（JAR）和 Java 版本（17）

除非有一些迫不得已选择 War 文件的原因（如支持特定的应用程序服务器或其他一些遗留系统的原因），否则最好选择 Jar 文件作为打包机制。

打包成 JAR 而不是 WAR。

——Josh Long，也就是@starbuxman

为什么？

WAR 文件是针对某个特定应用程序服务器的。除非你正在使用的就是特定应用程序服务器，否则使用 WAR 几乎没有任何好处。JAR 文件得到了 Spring Boot 团队的一流支持，正如你将在下文中看到的那样，它们具有一些明显的优势。

本书选择了 Java 17 版本。Java 17 是支持 Spring Boot 3 的 Spring Framework 6 所需的最低版术。事实上，Java 17 是 Spring Initialzr 选择的默认选项。

使 Spring Initializr 如此出色的核心功能是，它允许开发人员选择希望包含在项目中的所有模块。要做到这一点，需要转至 Dependencies（依赖项）部分。

单击 ADD DEPENDENCIES（添加依赖项），此时你应该看到一个过滤框。输入 web 即可看到 Spring Web 上升到列表顶部，如图 2.3 所示。

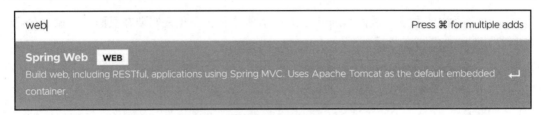

图 2.3　将 Spring Web 添加到项目中

按 Enter 键，即可看到它已添加到列表中。

令人惊讶的是，这足以开始创建 Web 控制器。

单击屏幕底部的 GENERATE（生成）按钮，如图 2.4 所示。

图 2.4　可以生成一个完整项目的 GENERATE（生成）按钮

单击 GENERATE（生成）按钮将提示下载一个 ZIP 文件，其中包含一个空项目和一个包含我们项目所有设置的构建文件。

解压缩项目的 ZIP 文件并在你喜欢的集成开发环境（IDE）中打开它，即可开始编写一些 Web 控制器了。

💡 提示：

使用什么 IDE 并不重要。如本书第 1 章 "Spring Boot 的核心功能" 开头所述，IntelliJ IDEA、Microsoft 的 VS Code 和 Spring 工具套件都支持 Spring Boot。无论是默认情况下还是通过安装插件，你都可以轻松地开发 SpringBoot 项目。

至此，我们的准备工作已经完成，接下来让我们看看如何迈出构建 Web 应用程序的第一步。

2.2　创建 Spring MVC Web 控制器

假设我们已经从 Spring Initializr 中解压缩 ZIP 文件并将其导入 IDE 中，那么接下来就可以立即开始编写 Web 控制器。

但是对于初学者来说，你可能会问：什么是 Web 控制器？

Web 控制器是一些响应 HTTP 请求的代码。这可以包含请求根 URL 的 HTTP GET /

请求。大多数网站都将以一些 HTML 响应。但是 Web 控制器也可以响应产生 JavaScript 对象表示法（JavaScript object notation，JSON）的 API 请求，例如 HTTP GET /api/videos。

此外，当用户通过 HTTP POST 请求做出更改时，Web 控制器会执行繁重的传输工作。

使我们能够编写 Web 控制器的 Spring portfolio 的一部分是 Spring MVC。

Spring MVC 是 Spring Framework 的模块，它允许开发人员使用模型-视图-控制器（model-view-controller，MVC）范例在基于 servlet 的容器之上构建 Web 应用程序。

是的，我们正在构建的应用程序是 Spring Boot。但是在此前的操作中选择了 Spring Web，这其实已经将 Spring MVC 放在我们的 classpath 中。

事实上，如果查看项目根目录下的 pom.xml 文件，则会发现一个关键依赖项：

```
<dependency>
    <groupId>org.springframework.boot</groupId>
    <artifactId>spring-boot-starter-web</artifactId>
</dependency>
```

这是 1.3 节"使用 Spring Boot 启动器添加 portfolio 组件"中提到的启动器之一。该依赖性设置可以将 Spring MVC 置于项目的 classpath 中。这使我们能够访问 Spring MVC 的注解和其他组件，从而允许我们定义 Web 控制器。它的存在将触发 Spring Boot 的自动配置设置，以激活我们创建的任何 Web 控制器。

当然，它还有其他一些好处，下文将会讨论。

在创建新 Web 控制器之前，请务必注意该项目已经根据我们的设置创建了一个基础包：com.springbootlearning.learningspringboot3。

我们可以通过在该包中创建一个新类并将其命名为 HomeController 开始。具体而言就是编写以下代码：

```
@Controller
public class HomeController {
    @GetMapping("/")
    public String index() {
        return "index";
    }
}
```

上述代码可以解释如下：

❑　@Controller：Spring MVC 的注解，表明该类是一个 Web 控制器。当应用程序启动时，Spring Boot 会通过组件扫描（component scan）自动检测到该类，并创建一个实例。

❑　@GetMapping：Spring MVC 的注解，映射 HTTP GET /方法的调用。

❑　index：因为我们使用了@Controller 注解，所以 index 就是我们想要显示的模板的名称。

在上述项目中，类的名称和方法的名称并不重要。它们可以是任何东西。关键部分是注解。@Controller 表示该类是一个 Web 控制器，@GetMapping 表示 GET / 调用将被路由到此方法。

💡 提示：

使用能够为我们提供语义值的类和方法名称总是很好的，因为这样方便维护它们。从这方面来说，上述代码片段中的类和方法名称暗示我们正在构建站点主路径的控制器。

上面已经介绍过, index 是要显示的模板的名称。但是, 你还记得要选择模板引擎吗？没错, 我们还没有执行该操作。因此, 接下来让我们看看如何向应用程序中添加模板引擎, 并使用它开始构建 HTML 内容。

2.3　使用 start.spring.io 扩充现有项目

我们如果已经开始了一个项目，并且在这个项目上努力工作了半年，那么此时发现需要添加新功能，该怎么办呢？创建一个全新的项目显然是不现实或没有意义的。

所以，我们能做些什么呢？

可以选择一个已经存在的项目并使用 start.spring.io 进行更改。

我们从 Spring Web 开始了本章的操作。虽然这也没错，但是明显还不够。虽然我们可以手写 HTML，但在今天这个时代，使用模板引擎为我们做这些会更轻松便捷。我们由于要找的是一些轻量级的东西，所以可选择 Mustache（mustache.github.io）。

如果你觉得这样做有点刻意，你是对的，我们就是为了介绍"使用 start.spring.io 扩充现有项目"的功能而这样做的。在实践中，你如果将要开始一个新的 Web 项目，那么在选择 Spring Web 的同时选择一个模板引擎是更好的做法。当然，这种向现有项目中添加额外模块的策略在任何时候都是有效的。

扩充现有项目的最佳方式是：重新访问 Spring Initializr 站点，输入我们所有的各种设置，选择需要的模块（尤其是希望添加到现有项目中的新模块）。

假设我们已经输入了与本章前面相同的设置，现在只需单击 DEPENDENCIES（依赖项）按钮，输入 mustache，如图 2.5 所示。

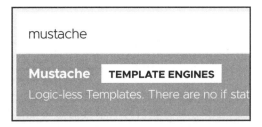

图 2.5　添加 Mustache，一种无逻辑的模板语言

按 Enter 键即可将 Mustache 添加到列表中。

请注意，更新我们的项目的秘诀是单击页面底部的 EXPLORE（浏览）按钮，而不是之前单击的 GENERATE（生成）按钮，如图 2.6 所示。

图 2.6　在网站上浏览 Spring Boot 项目

使用 EXPLORE（浏览）按钮，而不是下载 ZIP 文件，即可让我们立即查看在浏览器中获得的项目。

一种常见的策略是查看构建文件——在本示例中是 pom.xml。从该文件中可以复制我们需要的代码片段并将它们粘贴到现有的项目中（也可以直接全选复制并粘贴）。

这样操作即可轻松地确保我们的项目与任何依赖项、自定义模块或其他内容保持最新。

在本示例中，我们可以找到 Mustache 的条目，如下所示：

```
<dependency>
    <groupId>org.springframework.boot</groupId>
    <artifactId>spring-boot-starter-mustache</artifactId>
</dependency>
```

可以看到，又一个 Spring Boot 启动器来为你保驾护航了。

值得庆幸的是，这种技术可以帮助我们找到 Spring Boot 启动器，而无须深入了解查找启动器名称的细节。

关键是，这种操作让我们可以快速启动新项目。我们也可以一次又一次地后撤，根据需要添加新模块，而不必担心会破坏任何东西。

现在我们已经将 Spring Web 和 Mustache 集成到项目中，接下来可以开始创建一些真正的 Web 内容。

2.4　利用模板创建内容

现在可以切换到编写 Mustache 模板。

在本章前面创建了控制器类之后，我们并不需要做更多的事情。如前文所述，Spring Boot 的组件扫描功能将完成实例化控制器类的所有工作。Spring Boot 的自动配置将添加额外的 beans，为 Mustache 的模板引擎提供动力，将其连接到 Spring 的基础设施中。

我们只需要制作模板中的内容。

默认情况下，Spring Boot 期望所有模板都位于 src/main/resources/templates 中。

💡提示：

SpringBoot 具有模板引擎的配置属性（configuration properties），该配置属性默认将所有模板放在 src/main/resources/templates 中。

此外，每个模板引擎都有一个后缀。对于 Mustace 来说，它的后缀是.mustache。

当我们从控制器方法返回 index 时，Spring Boot 将其转换为 src/main/resources/ templates/index.mustace，提取文件，然后将其导入 Mustace 模板引擎中。

你可以调整这些设置。但坦率地说，遵循惯例会更简便。

在 src/main/resources/templates 中创建 index.mustache，然后添加以下代码：

```
<h1>Greetings Learning Spring Boot 3.0 fans!</h1>

<p>
    In this chapter, we are learning how to make
    a web app using Spring Boot 3.0
</p>
```

这就是全部了，没骗你，这是在任何地方都可以使用的 HTML5。

要查看它的实际效果，只需要运行应用程序即可。没错，我们已经有了一个完整且可操作的应用程序。

要运行应用程序，只需要在你的集成开发环境中右击 Spring Initializr 创建的 Chapter2Application 类，并选择 Run（运行）。

启动后，即可在浏览器中访问 localhost:8080 并查看结果，如图 2.7 所示。

你可能会问：就这？

这也太简单了。

图 2.7　使用 Spring Boot 3 显示的 Mustache 模板

确实，我们在这里并没有挂载任何动态内容。老实说，这是有点无趣，只有标题和段落。谁会想要看这个？也许我们应该从一些演示数据开始，不过这并不难。接下来就让我们看看如何执行此操作。

2.4.1　将演示数据添加到模板中

我们可以调整刚刚制作的 HomeController，如下所示：

```
@Controller
public class HomeController {
    record Video(String name) {}

    List<Video> videos = List.of(
        new Video("Need HELP with your SPRING BOOT 3 App?"),
    new Video("Don't do THIS to your own CODE!"),
    new Video("SECRETS to fix BROKEN CODE!"));

    @GetMapping("/")
    public String index(Model model) {
        model.addAttribute("videos", videos);
        return "index";
    }
}
```

在上述代码中，我们使用了 Java 17 提供的几个很不错的功能：

❑　我们可以用一行代码将一个漂亮的小数据 Video 对象定义为 Java 17 记录。

❑　我们可以使用 List.of()组装一个不可变的 Video 对象集合。

这使得创建一批测试数据变得非常简单。至于它如何与模板引擎一起工作，请继续阅读。

提示：

为什么需要创建 Java 17 记录来封装单个数据元素？

Mustache 可以对命名属性进行操作。我们可以手动编写带有名称和值的原始 JSON，但使用 Java 17 记录更简单。此外，它还为我们提供了更强的类型安全性。这种 Video 类型可以很好地封装 Mustache 模板的数据。

为了将这些数据传递给模板，我们需要一个 Spring MVC 能够理解的对象。我们可以放置数据的持有者（holder），为此需要在 index 方法中添加一个 Model 参数。

Spring MVC 有一些我们可以添加到任何 Web 方法的可选属性。如果需要将数据移交给模板引擎，则 Model 就是我们使用的类型。

上述代码有一个名为 videos 的属性，由 List<Video>提供。有了它之后，即可通过添加以下代码来增强 index.mustache 以将其提供给查看者：

```
<ul>
    {{#videos}}
        <li>{{name}}</li>
    {{/videos}}
</ul>
```

上述代码片段（位于我们之前创建的<p>标签下方）可以解释如下：

❑ {{#videos}}：Mustache 的指令，该指令可以获取我们提供给 Model 对象的 videos 属性。因为这是一个数据列表，所以 Mustache 将为列表中的每个条目展开这个数据列表。该数据列表将遍历存储在 Model 中的 List<Video>集合的每个条目，并创建一个单独的 HTML <li>条目。

❑ {{name}}：表示我们需要数据构造的 name 字段。这与我们的 Video 类型的 name 字段保持一致。换句话说，List<Video>的每个条目都将输出<li>和</li>之间的 name 字段。

❑ {{/videos}}：表示循环片段的结尾。

这个 Mustache 块将生成一个 HTML 无序列表（<ul>），其中包含 3 个列表项（<li>），每个列表项都有一个不同的 Video name 条目。

 提示：

Mustache 将使用 Java 的 getter 函数，因此，如果我们使用包含 getName()的值类型，那么它将通过{{name}}提供服务。但是，Java 17 记录不会生成 getter，相反，编译器将生成包含 name()的 classfile。别担心，Mustache 会把这个问题处理得很好。无论哪种方式，我们都可以在模板中使用{{name}}。

如果重新运行我们的应用程序，然后访问 localhost:8080，那么现在可以看到这个更新后的模板，如图 2.8 所示。

图 2.8　包含视频名称无序列表的网页

从图 2.8 中可以看到，我们能够生成的 HTML 是没有限制的，你甚至可以通过 JavaScript 添加层，这也是我们将在后面的章节中要解决的问题。

2.4.2　使用更好的设计构建我们的应用程序

2.4.1 节"将演示数据添加到模板中"中构建的应用程序非常简洁明快。我们使用了一些数据快速建模并在一个轻量级模板中显示了这些数据。

但是，该示例仍然有些问题。首先是该设计的可重用性较差，其次是需要另一个控制器。我们会发现这些问题比较棘手，原因如下：

❑ 控制器不应该管理数据定义。由于控制器需要响应网络调用，然后与其他服务和系统进行交互，因此这些定义需要处于较低的级别。

❑ 同时处理数据的重量级网络控制器将很难随着网络需求的发展而做出调整。这就是为什么将数据管理推到较低级别会更好。

因此，在继续下一步开发之前的第一个重构动作就是将该 Video 记录迁移到它自己的类 Video.java 中，如下所示：

```
record Video(String name) {
}
```

这与我们之前编写的代码完全相同，只是移到了它自己的文件中。

ℹ️ 注意：

为什么 Video 记录没有标记为 public？它的可见性是什么？事实上，这样写表示它采用 Java 的默认可见性。对于类、记录和接口，它默认为包私有（package-private）。这意味着它只对同一包中的其他代码可见。

尽可能多地使用 Java 的默认可见性，并仅在必要时对包外公开，这不是一个坏主意。

我们的下一个任务是将该 Video 对象列表移动到一个单独的服务中，这可以通过创建一个名为 VideoService 的类来完成，如下所示：

```
@Service
public class VideoService {

    private List<Video> videos = List.of( //
        new Video("Need HELP with your SPRING BOOT 3 App?"),
        new Video("Don't do THIS to your own CODE!"),
        new Video("SECRETS to fix BROKEN CODE!"));

    public List<Video> getVideos() {
        return videos;
    }
}
```

对该 VideoService 的解释如下：

❑ @Service：Spring Framework 的注解，表示在组件扫描期间需要拾取并添加到应用程序上下文中的类。

❑ List.of()：与本章前面使用的操作相同，用于快速组合 Video 对象的集合。

❑ getVideos()：返回当前 Video 对象集合的实用方法。

💡 提示：

前文简要介绍了 Spring Boot 的组件扫描功能，这是它的亮点之一。我们将创建一个类，然后使用 Spring Framework 的一个基于@Component 的注解标记它，例如，@Service 或@Controller，以及其他几个注解。当 Spring Boot 启动时，它的第一个任务是运行组件扫描程序，查找这些类并实例化副本，然后在应用程序上下文中注册这些 bean，为自动连接到任何需要它的 Spring bean 做好准备。

要让我们的 HomeController 开始使用这个新的 VideoService 类，需要按以下方式进行更新：

```
@Controller
public class HomeController {

    private final VideoService videoService;
```

```
    public HomeController(VideoService videoService) {
        this.videoService = videoService;
    }
}
```

我们刚刚编写的代码非常简单，其解释如下：

❑　删除了 List<Video>字段并将其替换为 VideoService 的 private final 实例。

❑　使用构造函数注入（constructor injection）填充新字段。

接下来，让我们看看什么是构造函数注入。

2.4.3　通过构造函数调用注入依赖

所谓"构造函数注入"，其实就是通过构造函数获取 Spring bean 所需的依赖项。为了对此进行扩展，我们可以随时创建一个由 Spring Boot 的组件扫描功能拾取的 Java 类。Spring Boot 将检查任何注入点，如果找到任何注入点，则将在应用程序上下文中查找匹配类型的 bean 并注入它们。

这被称为自动装配（autowire）。我们实际上是让 Spring 处理在应用程序上下文中查找 Spring bean 的依赖项并插入它们的问题。

在 Spring Boot 出现之前，自动装配并不那么流行。有些人喜欢它，而另一些人则像躲避瘟疫一样避开它。那么反对自动装配者是怎么做的呢？他们创建了一个类，用@Configuration 注解对其进行标记，并使用@Bean 方法创建了方法，然后，这些方法返回对象的实例，通过构造函数或通过其 setter 手动连接到其他服务。

当然，随着 Spring Boot 的兴起及其由大量利用自动装配的自动配置生成的 bean，现在几乎每个人都对自动装配表示满意。

以下是可以将依赖项注入类中的 3 种方法：

❑　选项 1：类本身可以用 Spring Framework 的@Component 注解之一（或只是@Component 本身）标记，例如@Service、@Controller、@RestController 或@Configuration。

❑　选项 2：@Autowired Spring Framework 注解标记点以注入依赖项。它可以应用于构造函数、setter 方法和字段（甚至是私有字段）。

❑　选项 3：如果一个类只有一个构造函数，则无须应用@Autowired 注解。Spring 将简单地假设它是自动装配的。

将 VideoService 注入 HomeController 中后，即可按以下方式更新 index()方法：

```
@GetMapping("/")
public String index(Model model) {
    model.addAttribute("videos", videoService.getVideos());
    return "index";
}
```

可以看到，该方式与本章前面的代码相比，唯一的变化是调用了 videoService 以获得 Video 对象的列表。

对应用程序进行这些调整可能会让你感觉有点枯燥乏味，但随着我们继续充实内容，你将看到这些操作的好处。

2.4.4　通过 HTML 表单更改数据

我们的网页如果只是显示服务器端数据，那么就不会给人留下深刻印象。为了使其更具动态性，它应该接受新条目并将它们发送到我们的网络控制器，然后显示更新后的结果。

为此，我们可以再次回到之前的 Mustache 模板并开始编写一个标准的 HTML 表单，如下所示：

```html
<form action="/new-video" method="post">
    <input type="text" name="name">
    <button type="submit">Submit</button>
</form>
```

这些添加到 index.mustache 中的简单代码可以解释如下：

❑　此 HTML 表单将导致对服务器端应用程序的 POST /new-video 调用。

❑　它有一个名为 name 的基于文本的输入。

❑　该表单在用户单击 Submit（提交）按钮时生效。

如果你想知道该 Mustache 是否还有其他的东西，那我告诉你：没有了。HTML 表单非常简单。如果需要，可以在此处呈现动态内容，但目前我们的讲解重点是在相对简单的场景中提交新数据。

为了让我们的 Spring Boot 应用程序响应 POST /new-video，还需要为 HomeController 编写另一个控制器方法，如下所示：

```java
@PostMapping("/new-video")
public String newVideo(@ModelAttribute Video newVideo) {
    videoService.create(newVideo);
    return "redirect:/";
}
```

这个额外的 Web 控制器方法可以解释如下：

❑ @PostMapping("/new-video")：Spring MVC 的注解，用于捕获 POST /new-video 调用并将它们路由到此方法。

❑ @ModelAttribute：Spring MVC 的注解，用于解析传入的 HTML 表单并将其解包为 Video 对象。

❑ videoService.create()：尚未编写完成的用于存储新 Video 对象的方法。

❑ "redirect:/"：Spring MVC 指令，用于向浏览器发送 HTTP 302 Found 状态码，让它重定位 URL 到 /。状态码 302 重定向是软重定向的标准（301 是永久重定向，指示浏览器不再尝试原路径）。

这个额外的 Web 控制器方法现在要求我们使用添加更多 Video 对象的方法来扩充我们的 VideoService。

重要的是要认识到，到目前为止，我们一直在使用 Java 17 的 List.of()操作符来构建视频集合，它会生成一个不可变的列表。该不可变列表遵循 Java 的 List 接口，使我们能够访问 add()方法。如果我们尝试使用它，则它只会生成一个 UnsupportedOperationException。

如果要改变这个不可变集合，则需要采取一些额外的步骤。

将任何东西添加到不可变列表中的秘诀是从原始内容和新内容中创建一个新的不可变实例。因此，我们可以利用更熟悉的基于 List 的 API：

```
public Video create(Video newVideo) {
    List<Video> extend = new ArrayList<>(videos);
    extend.add(newVideo);
    this.videos = List.copyOf(extend);
    return newVideo;
}
```

添加到 VideoService 中的代码可以解释如下：

❑ 该方法的签名调用一个新视频，然后返回相同的视频（这在存储库式服务中是一个常见操作）。

❑ new ArrayList<>()：使用基于 List 的构造函数创建一个新的 ArrayList，这是一个可变集合。这个新集合将以适当的大小进行初始化，然后将每个条目复制到新的 ArrayList 中。

❑ 该 ArrayList 有一个可用的 add()方法，它允许将新的 Video 对象添加到末尾。

❑ Java 17 提供了一个 copyOf()运算符，它接收任何现有的 List 并将其所有元素复制到一个新的不可变列表中。

❑ 返回新的 Video 对象。

需要指出的是，虽然我们执行了几个额外的步骤，但这些步骤确保不会因调用方法而意外更改现有数据副本。这样做可以确保状态的一致性。

ℹ️ **注意**：

由于使用了不可变列表，这些数据可能是一致的，但它绝不是线程安全的。

如果对我们刚刚定义的端点进行了多次 POST 调用，则它们都会尝试更新同一个 VideoService，这可能会导致某种形式的争用情况，从而导致数据丢失。

考虑到有很多图书都会介绍如何解决这些问题，因此我们不会把重点放在这些重复讨论过很多次的问题上。

完成上述更改后，即可重新运行应用程序并查看增强之后的用户界面，如图 2.9 所示。

图 2.9　包含 HTML 表单的 Mustache 模板

如果在文本框中输入 Learning Spring Boot 3 并单击 Submit（提交）按钮，则控制器将发出重定向命令回到 /。浏览器将导航回根路径，这将使其获取数据并显示最新的 Video。

💡 **延伸阅读**：

要了解更多有关 Mustache 以及它如何与 Spring Boot 交互的信息，可以查看 Dave Syer 的文章：*The Joy of Mustache: Server Side Templates for the JVM*（《Mustache 的乐趣：JVM 的服务器端模板》）。其网址如下：

https://springbootlearning.com/mustache

该文详细介绍了如何将 Spring Boot 与 Mustache 集成，包括如何保持一致的布局，甚至编写自定义 Mustache lambda 函数。

现在我们有了一个功能性网页，可以提供动态内容，还可以让我们添加更多内容。但这仍不是完整的。接下来，让我们看看如何添加对构建基于 Web 的 API 的支持。

2.5　创建基于 JSON 的 API

构建任何 Web 应用程序的一个关键要素是提供 API 的能力。在过去，这很复杂并且很难确保兼容性。

在今天这个时代，数据和信息交换主要集中在少数几种格式上，而其中许多又都是基于 JSON 的结构。

Spring Boot 的强大功能之一是，当你将 Spring Web 添加到项目中时，就像我们在本章开头所做的那样，它会将 Jackson 添加到 classpath 中。Jackson 是一个 JSON 序列化/反序列化库，已被 Java 社区广泛采用。

Jackson 允许开发人员定义如何使用自己喜欢的 JSON 风格来回转换 Java 类，再加上 Spring Boot 的自动配置能力，这意味着我们无须再动手设置即可开始编写 API。

要开始操作，可以在本章一直使用的相同包中创建一个新类，将它命名为 ApiController，然后在其最上面应用@RestController 注解。

@RestController 类似于我们之前使用的@Controller 注解。它将向 Spring Boot 发出信号，表明该类应该作为 Spring bean 自动拾取以进行组件扫描。该 bean 将在应用程序上下文中注册，并且还将 Spring MVC 作为控制器类，以便它可以路由 Web 调用。

但它还有一个额外的属性——它将每个 Web 方法从基于模板的转换为基于 JSON 的。换句话说，不是 Web 方法返回 Spring MVC 通过模板引擎呈现的模板的名称，而是使用 Jackson 序列化结果。

来看以下代码：

```
@RestController
public class ApiController {

    private final VideoService videoService;

    public ApiController(VideoService videoService) {
        this.videoService = videoService;
    }

    @GetMapping("/api/videos")
    public List<Video> all() {
```

```
        return videoService.getVideos();
    }
}
```

上述代码的详细解释如下：

❑　前文已经提到过,@RestController 注解可以将它标记为一个返回 JSON 的 Spring MVC 控制器。

❑　使用构造函数注入，我们将自动获得本章前面创建的 VideoService 的相同副本。

❑　@GetMapping 可以响应来自/api/videos 的 HTTP GET 调用。

❑　此 Web 方法将获取该 Video 记录列表并返回它们，从而使它们通过 Jackson 呈现为 JSON 数组。

事实上，如果现在运行应用程序并使用 curl 检查该端点，则可以看到以下结果：

```
[
    {
        "name": "Need HELP with your SPRING BOOT 3 App?"
    },
    {
        "name": "Don't do THIS to your own CODE!"
    },
    {
        "name": "SECRETS to fix BROKEN CODE!"
    }
]
```

🔵 提示：

curl 是一个流行的命令行工具，用来请求 Web 服务，让你可以与 Web API 交互。其网址如下：

https://curl.se/

事实上，curl 的功能非常强大，建议你在系统上安装它并熟悉它的应用。

这个简单 JSON 数组包含 3 个条目，每个条目对应我们的每个 Video 记录。Video 记录只有一个属性：name。这正是 Jackson 生成的。

可以看到，我们无须配置任何东西即可让 Jackson 开始生成结果。

当然，除了生成 JSON 什么都不做的 API 根本就不是一个合格的 API。因此，我们还需要使用 JSON。

为此，我们需要在 ApiController 类中创建一个 Web 方法来响应 HTTP POST 调用。

💡 提示：POST、PUT 和其他 HTTP 谓词

我们可以使用的标准 HTTP 谓词（HTTP verb，也称为 HTTP 动词）有若干个，最常见的是 GET、POST、PUT 和 DELETE。实际上还有其他谓词，但在这里不需要它们。

重要的是要理解，GET 调用除返回数据之外什么都不做，这意味着不会在服务器上导致状态改变，这也被称为幂等（idempotent），即任意多次执行所产生的影响均与一次执行的影响相同。

POST 调用则可用于向系统中引入新数据。这类似于在关系数据库表中插入一行新的数据。

PUT 与 POST 类似，因为它可用于进行更改，但它更适合描述为更新现有记录。也可以更新不存在的记录，但这取决于服务器上的设置方式。

最后，DELETE 用于从服务器中删除某些内容。

虽然不是必需的标准，但对系统的任何更新（即新条目或已删除条目的副本）都应该返回给提出请求的人或系统，这是一种常见的行为。

将以下代码添加到 ApiController 类中，就添加在 all()方法的下方：

```
@PostMapping("/api/videos")
public Video newVideo(@RequestBody Video newVideo) {
    return videoService.create(newVideo);
}
```

上述代码可以解释如下：

❑　@PostMapping：将对/api/videos 的 HTTP POST 调用映射到此方法。

❑　@RequestBody：Spring MVC 的注解，表示传入的 HTTP 请求正文应通过 Jackson 反序列化为 newVideo 参数，以作为 Video 记录。

❑　将这个传入 Video 记录的实际处理委托给之前的 VideoService，在它被添加到系统中后返回该记录。

在本章前面已经编写了该 create()操作的代码，故不赘述。

在对 API 控制器添加了新代码之后，即可使用 curl（前文简单介绍过 curl 工具）通过命令行与它交互，如下所示：

```
$ curl -v -X POST localhost:8080/api/videos -d '{"name":
"Learning Spring Boot 3"}' -H 'Content-type:application/json'
```

上述命令可以解释如下：

❑　-v：要求 curl 产生详细输出，提供有关整个交互的大量详细信息。

❑　-X POST：指示它使用 HTTP POST 而不是默认的 GET 调用。

❑　localhost:8080/api/video：提供指向命令的 URL。

❑　-d '{…}'：提供数据。由于 JSON 中的字段用双引号分隔，因此整个 JSON 文档使用单引号传递给 curl。

❑　-H 'Content-type:application/json'：提供 HTTP 标头，提醒 Web 应用程序这是一个 JSON 格式的请求正文。

该命令的结果如下：

```
* Connected to localhost (::1) port 8080 (#0)
> POST /api/videos HTTP/1.1
> Host: localhost:8080
> User-Agent: curl/7.64.1
> Accept: */*
> Content-type:application/json
> Content-Length: 34
>
* upload completely sent off: 34 out of 34 bytes
< HTTP/1.1 200
< Content-Type: application/json
{"name":"Learning Spring Boot 3"}
```

上述输出响应显示了以下内容：

❑　命令显示在上面，包括 HTTP 谓词、URL 和标头（User-Agent、Accept、Content-type 和 Content-Length）。

❑　响应显示在下面，包括 HTTP 200 成功状态代码。

❑　响应表示为 application/json。

❑　实际响应正文包含我们创建的 JSON 格式的新 Video 条目。

通过上述响应可以看到，我们的方法是可以正常运行的。

也可以通过重新 ping /api/videos 端点并查找最新添加的内容来进一步验证这一点：

```
$ curl localhost:8080/api/videos
[
    {"name":"Need HELP with your SPRING BOOT 3 App?"},
    {"name":"Don't do THIS to your own CODE!"},
    {"name":"SECRETS to fix BROKEN CODE!"},
    {"name":"Learning Spring Boot 3"}
]
```

可以看到，上面的代码在底部显示了我们的最新条目。

现在我们的 Web 应用程序包含了两个关键方面：一是在浏览器中显示的基于模板的

版本，可以供人类阅读；二是基于 JSON 的版本，可供第三方使用。

有了这一切，即可编写一些 JavaScript 应用程序了。

2.6　将 Node.js 挂接到 Spring Boot Web 应用程序

我们的 Web 应用程序是否需要使用 JavaScript？老实说，哪个网络应用程序不需要 JavaScript？它是这个星球上每个网络浏览器中的事实上的标准工具。

JavaScript 在工具和应用程序构建方面是一个完全不同的世界。那么，我们如何跨越 Java 和 JavaScript 开发工具之间的巨大鸿沟呢？

最简单的方式就是进入 Node.js 的世界。幸运的是，有一个 Maven 插件可以为我们弥合这一差距，这被称为 Maven 前端插件（frontend-maven-plugin）。

该插件将 Node.js 操作与 Maven 的生命周期结合在一起，使我们能够在正确的时间正确调用 Node.js，以下载包并将 JavaScript 代码组装成一个包。

当然，如果 Spring Boot 无法将其上线，那么编译和绑定一个 JavaScript 负载也是徒劳的。

值得庆幸的是，Spring Boot 有一个相关的解决方案。在 src/main/resources/static 中找到的任何东西都会自动拾取，并在完全组装后将放在我们的 Web 应用程序的基本路径上。这意味着我们只需要指示 Node.js 绑定工具将其最终结果放在该目录中即可。

让我们先从 frontend-maven-plugin 开始。

如果打开由 start.spring.io 创建的 pom.xml 文件，那么向下拉大约三分之二，应该会看到一个名为<plugins>的条目，其中应该已经有一个 spring-boot-maven-plugin 条目。

在 spring-boot-maven-plugin 的正下方，添加另一个<plugin>条目，如下所示：

```
<plugin>
    <groupId>com.github.eirslett</groupId>
    <artifactId>frontend-maven-plugin</artifactId>
    <version>1.12.1</version>
    <executions>
        <execution>
            <goals>
                <goal>install-node-and-npm</goal>
            </goals>
        </execution>
    </executions>
<configuration>
    <nodeVersion>v16.14.2</nodeVersion>
```

```
    </configuration>
</plugin>
```

在 pom.xml 构建文件中的这一添加可以解释如下：

❑　　我们已经添加了（在撰写本文时）最新版本的 frontend-maven-plugin 的详细信息。

❑　　现在它有一个执行，即 install-node-and-npm。此命令将下载 Node.js 及其包管理器 npm。

❑　　在底部的配置部分，还指定了 Node.js 最新的长期支持（long-term support，LTS）版本。

该插件将在 Maven 的 generate-resources 阶段完成它的工作。你可以立即在控制台中看到它显示的输出：

```
$ ./mvnw generate-resources
[INFO] --- frontend-maven-plugin:1.12.1:install-node-and-npm
(default) @ ch2 ---
[INFO] Installing node version v16.14.2
[INFO] Downloading https://nodejs.org/dist/v16.14.2/node-
v16.14.2-darwin-x64.tar.gz to /Users/gturnquist/.m2/repository/
com/github/eirslett/node/16.14.2/node-16.14.2-darwin-x64.tar.gz
[INFO] Unpacking /Users/gturnquist/.m2/repository/com/github/
eirslett/node/16.14.2/node-16.14.2-darwin-x64.tar.gz into /
Users/gturnquist/src/learning-spring-boot-3rd-edition-code/ch2/
node/tmp
[INFO] Copying node binary from /Users/gturnquist/src/learning-
spring-boot-3rd-edition-code/ch2/node/tmp/node-v16.14.2-
darwin-x64/bin/node to /Users/gturnquist/src/learning-spring-
boot-3rd-edition-code/ch2/node/node
[INFO] Extracting NPM
[INFO] Installed node locally.
```

需要指出的是，frontend-maven-plugin 实际上是在我们项目根目录的 node 文件夹中下载并解压 Node.js、node package manager（npm）和 node package execute（npx）。

💡 提示：

Node.js 及其所有工具和模块可以被视为中间构建工件。不需要将它们提交给版本控制。因此，请确保将 node 文件夹和 node_modules 中间文件夹添加到无须提交的项目列表中。例如，将 node 和 node_module 添加到项目的.gitignore 文件中。

有了这个插件，我们就可以进入 JavaScript 的世界了。

2.6.1　将 JavaScript 与 Node.js 绑定在一起

到目前为止,我们还只是有了工具,但没有实际的模块。

要开始添加模块,需要使用 npm。我们必须做的第一件事是选择一个 Node.js 包绑定器。这有很多方式可供选择,以下命令选择了使用 Parcel:

```
% node/npm install --save-dev parcel
```

这将使用本地安装的 Node.js 副本及其 npm 命令来创建 package.json 文件。

--save-dev 选项表明这是一个开发模块,而不是我们的应用程序使用的包。

现在我们已经为项目创建了一个 package.json 文件,接下来还需要将它挂接到 frontend-maven-plugin。要执行该操作,需要添加另一个<execution>条目,如下所示:

```
<execution>
    <id>npm install</id>
    <goals>
        <goal>npm</goal>
    </goals>
</execution>
```

这个额外的代码片段将配置 frontend-maven-plugin 以运行 npm install,该命令将构建我们的 JavaScript 绑定。

到目前为止,我们的包中还没什么东西,只有 Parcel 构建工具。在开始添加 JavaScript 模块之前,可能应该配置它以正确构建某些东西。因此,我们可以按以下方式编辑 npm 刚刚创建的 package.json,以便 Parcel 为我们组装一个 ES6 模块:

```
{
    ...
    "source": "src/main/javascript/index.js",
    "targets": {
        "default": {
            "distDir": "target/classes/static"
        }
    },
    ...
}
```

添加到 package.json 的代码解释如下:

❑　source:指向一个尚未编写的 index.js JavaScript 文件。这将是我们的 JavaScript

应用程序的入口点。对于 Parcel 来说，这个文件在哪里并不重要。我们因为使用的是基于 Maven 的项目，所以可以使用 src/main/javascript。

❑ 对于 target 目的位置，可以使用 target/classes/static 的 distDir 设置来配置默认目标。Parcel 支持构建多个目标，例如不同的浏览器，但在这里并不需要，一个单一的默认目的地就可以了。在将结果放在目标文件夹中之后，只要运行 Maven 清理周期（Maven clean cycle），这个编译的包就会被清理。

npm 是 Node.js 用于下载和安装包的工具，而 npx 则是 Node.js 用于运行命令的工具。通过向 frontend-maven-plugin 添加另一个<execution>条目，即可让它运行 Parcel 的 build 命令。示例如下：

```
<execution>
    <id>npx run</id>
    <goals>
        <goal>npx</goal>
    </goals>
    <phase>generate-resources</phase>
    <configuration>
        <arguments>parcel build</arguments>
    </configuration>
</execution>
```

这个额外的步骤将在运行 npm install 命令后运行 npx parcel build，确保 Parcel 执行其构建步骤。

接下来，让我们看看如何安装一些 Node 包来构建一个复杂的前端。

2.6.2　创建 React.js 应用程序

现在有很多构建 JavaScript 应用程序的方法，它们都有自己的特点和优点。为了演示，我们将使用 Facebook（现已更名为 Meta）的应用程序构建工具包 React.js。

输入以下命令：

```
node/npm install --save react react-dom
```

上述命令将使用 react 和 react-dom 模块更新 package.json。

现在我们可以开始编写一些 JavaScript 应用程序了。

在 src/main/javascript 中创建 index.js，示例如下：

```
import ReactDOM from "react-dom"
import { App } from "./App"
```

```
const app = document.getElementById("app")
ReactDOM.render(<App />, app)
```

这是 JavaScript 应用程序的入口点（在前面的 package.json 中已有说明）。对于上述代码的具体解释如下：

❏　第一行导入 ReactDOM，这是启动 React 所需的关键模块。

❏　第二行导入自定义用户界面，下文将进一步构建它。

❏　第三行使用 JavaScript 在网页上查找 id="app"的元素以便挂接我们的应用程序。

❏　第四行使用 ReactDOM 在我们即将编码的应用程序中显示<App/>组件。

React 以自上而下的方式运作。首先显示的是一个顶级组件，然后该组件依次呈现嵌套在更深层次的组件。

它还可以使用影子文档对象模型（document object model，DOM），这意味着我们不会指定要显示的实际节点，而是使用虚拟节点。无论当前状态是什么，React 都会计算变化并生成变化。

要继续构建此应用程序，需要在 src/main/javascript 中创建 App.js，示例如下：

```
import React from 'react'
import ListOfVideos from './ListOfVideos'
import NewVideo from "./NewVideo"

export function App() {
    return (
        <div>
            <ListOfVideos/>
            <NewVideo/>
        </div>
    )
}
```

上面的 JavaScript 代码块有以下关键部分：

❏　导入 React 来构建组件。

❏　在此之后编写的本地 JavaScript 代码将包括一个视频列表（ListOfVideos.js）和用于创建新视频的 from（NewVideo.js）。

可以看到，我们有一个公开导出的函数 App()。因为该函数返回一些 HTML 样式的元素，这其实是向 Parcel 发出信号，表明我们正在使用 JavaScript XML（JSX），其中包含更多要显示的 React 组件。

提示：

React 引入了一个名为 JSX 的概念，在这里我们可以将独特的 HTML 元素与 JavaScript 代码结合起来。过去，我们被告知混合 HTML 和 JavaScript 是不好的。但事实上，当设计一个将功能绑定在一起的用户界面时，JSX 提供了一个极好的混合。React 没有使用复杂的函数在 HTML 之上分层 JavaScript，而是允许我们构建 HTML 的小部分代码，并可以与支持其操作的函数紧密结合。

结合其内部状态管理功能，React 在许多构建 Web 应用程序的开发人员中变得非常流行。

要从之前的模板复制，第一件事是列出来自后端的所有视频。要在 React 中生成相同的 HTML 无序列表，需要在 src/main/javascript 中创建 ListOfVideos.js，如下所示：

```
import React from "react"

class ListOfVideos extends React.Component {
    constructor(props) {
        super(props)
        this.state = {data: []}
    }

    async componentDidMount() {
        let json = await fetch("/api/videos").json()
        this.setState({data: json})
    }

    render() {
        return (
            <ul>
                {this.state.data.map(item =>
                    <li>
                        {item.name}
                    </li>)}
            </ul>
        )
    }
}

export default ListOfVideos
```

上述 React 组件可以解释如下：

- [ ] 此代码使用了扩展 React.Component 的 ES6 类。
- [ ] 其构造函数创建了一个 state 字段来维护内部状态。
- [ ] componentDidMount()是 React 在将此组件插入 DOM 中并显示之后立即调用的函数。它使用 JavaScript 的 fetch()函数从本章前面创建的 JSON API 中检索数据。由于该函数将返回一个承诺（promise），因此我们可以使用 ES6 的 await 函数等待结果，然后使用 React.Component 的 setState()更新内部状态。为了使此方法能够正确地处理其余的事情，我们必须将其标记为 async。了解 setState()被调用的时间也很重要，React 将重新显示组件。
- [ ] 最重要的是 render()方法，因为我们实际上是在该方法中布置 HTML 元素（或更多 React 组件）。此代码使用内部状态并映射数据数组，将每个 JSON 片段转换为 HTML 行项目。没有元素也就没有行项目。

在上述代码块中，我们同时提到了属性和状态。属性通常包含从外部注入 React 组件中的信息。状态保持在内部。可以从属性初始化状态，或者如上述代码所示，组件本身可以获取存储在状态中的数据。

需要澄清的是，属性通常被认为在注入它们的 React 组件中是不可变的。状态意味着进化和改变，进而驱动已显示的元素。

如果我们不能创建新条目，则 React 应用程序的作用就不大。因此，我们需要创建一个新组件来复制在 2.4.4 节 "通过 HTML 表单更改数据" 中创建的 HTML 表单。

在 src/main/javascript 中创建 NewVideo.js，如下所示：

```
import React from "react"

class NewVideo extends React.Component {
    constructor(props) {
        super(props)
        this.state = {name: ""}
        this.handleChange = this.handleChange.bind(this);
        this.handleSubmit = this.handleSubmit.bind(this);
    }

    handleChange(event) {
        this.setState({name: event.target.value})
    }

    async handleSubmit(event) {
        event.preventDefault()
        await fetch("/api/videos", {
```

```
        method: "POST",
        headers: {
            "Content-type":
                "application/json"
        },
        body: JSON.stringify({name: this.state.name})
    }).then(response =>
        window.location.href = "/react")
}

render() {
    return (
        <form onSubmit={this.handleSubmit}>
            <input type="text"
                value={this.state.name}
                onChange={this.handleChange}/>
            <button type="submit">Submit</button>
        </form>
    )
}
}

export default NewVideo
```

这个 React 组件与另一个组件有一些相同之处，例如 import 语句以及扩展 React. Component 的 JavaScript 类。但它也包含一些不同的部分，具体如下：

❑ 它包含 handleChange 和 handleSubmit 函数，这两个函数都绑定到组件上，以确保 this 在调用时正确引用组件。

❑ 只要表单上的字段发生更改，handleChange 函数就会被调用。它将更新组件的内部状态。

❑ 单击 Submit（提交）按钮时将调用 handleSubmit 函数。它禁用标准的 JavaScript 冒泡行为。它不是在堆栈中向上传递按钮单击事件，而是就地处理，调用 JavaScript fetch()来影响 POST 对/api/videos 端点的调用。后者是在 2.5 节"创建基于 JSON 的 API"中创建的。

❑ render()函数将创建一个 HTML 表单元素，其中 onSubmit()事件被绑定到 handleSubmit 函数上，onChange 事件被绑定到 handleChange 函数上。

上述代码的另一个值得一提的地方是在 handleSubmit 函数上使用的 async/await 修饰符。一些 JavaScript 函数将返回标准承诺，例如其内置的 fetch 函数。有关承诺和 then 方法的详细信息，可访问以下网址：

https://promisesaplus.com/

为了简化这些 API 的使用（并避免使用第三方库），ES6 引入了 await 关键字，允许我们指示希望等待结果。为了支持这一点，必须将函数本身标记为 async。

要加载布局完成的 React 应用程序，还需要一个单独的 Mustache 模板。这可以在 src/main/resources/templates 中创建 react.mustache 并包含以下元素：

```
<div id="app"></div>
<script type="module" src="index.js"></script>
```

上述代码包含两个关键元素：

❑ <div id="app"/>是 React 组件<App />将根据之前的 document.getElementById ("app")显示的元素。

❑ <script>标签将通过 Parcel 构建的 index.js 包加载我们的应用程序。type="module" 参数表示它是一个 ES6 模块。

react.mustache 的其余部分可以与其他模板具有相同的标题和段落。

为了让 React 应用程序发挥作用，还需要一个单独的 Web 控制器方法挂钩到 HomeController，如下所示：

```
@GetMapping("/react")
public String react() {
    return "react";
}
```

这样，当用户请求 GET /react 时，将使用 react Mustache 模板。

经过上述诸多操作之后，也许你会怀疑这样做是否值得。毕竟，我们只是简单地复制了模板的内容，但是却花费了很多的步骤，这显得有点小题大做。如果真是仅复制模板内容，那么你的怀疑是有道理的，这确实太费劲了。

但是，当我们需要设计一个更复杂的用户界面时，React 才真正发挥作用。例如，如果我们需要各种组件来选择性地显示，或需要不同类型的组件来显示，且所有这些都由事物的内部状态驱动，那么这就是 React 开始大放异彩的地方。

如前文所述，React 也有影子 DOM，但是，查找部分 DOM 并手动更新它们，这一概念已经有点过时，所以我们不会关注它们。相反，通过 React，我们推出了一组 HTML 组件。然后，随着内部状态更新，组件被重新显示。React 可以简单地计算真实 DOM 元素的变化并自动更新自身。我们完全可以做甩手掌柜。

关于 React 的讨论已经足够了。本节的重点是说明如何将 JavaScript 合并到 Spring Boot Web 应用程序中。无论我们使用的是 React、Angular、Vue.js 还是其他工具，这些设置 Node.js、安装包和使用构建工具的技术都有效。

如果我们有静态组件，无论是 JavaScript 还是 CSS，都可以将它们放入 src/main/resources/static 文件夹中。如果它们是生成的，例如编译和绑定的 JavaScript 模块，则可以将该输出路由到 target/classes/static。

简而言之，我们已经成功地将 Node.js 和 JavaScript 与 Spring Boot 和 Java 连接在一起，以更轻松地构建 Web 应用程序。

2.7 小   结

本章使用 start.spring.io 创建了一个简明的 Web 应用程序。我们使用服务注入了一些演示数据，创建了一个 Web 控制器，然后使用 Mustache 来根据演示数据显示动态内容。

我们还创建了一个基于 JSON 的 API，以允许第三方应用程序与我们的网络应用程序交互，无论是检索数据还是发送更新。

最后，我们还利用了 Node.js，使用 Maven 插件将一些 JavaScript 引入我们的 Web 应用程序中。

构建 Web 控制器、提供模板、呈现基于 JSON 的 API 以及提供 JavaScript 应用程序，这些操作对于任何项目来说都是一项宝贵的技能。

在第 3 章“使用 Spring Boot 查询数据”中，我们将深入探讨如何使用 Spring Data 创建和管理实际数据。

第 3 章 使用 Spring Boot 查询数据

在前面的章节中，我们学习了如何使用 Spring Boot 管理嵌入式 servlet 容器，自动注册 Web 控制器，甚至提供 JSON 序列化/反序列化，以简化 API 的创建。

现在还有什么应用程序是不需要数据的呢？答案是：无。因此，本章将重点讨论数据，我们将学习一些强大而又方便快捷的存储和检索数据的方法。

本章包含以下主题：

❑ 将 Spring Data 添加到现有的 Spring Boot 应用程序中
❑ DTO、实体和 POJO
❑ 创建 Spring Data 存储库
❑ 使用自定义查找器
❑ 使用 query by example 找到动态查询的答案
❑ 使用自定义 JPA

能够存储和检索数据是任何应用程序的关键需求，本章讨论的主题列表将为你提供重要的能力。

🅣 提示：

本章的代码网址如下：

https://github.com/PacktPublishing/Learning-Spring-Boot-3.0/tree/main/ch3

3.1 将 Spring Data 添加到现有的 Spring Boot 应用程序中

想象一下，我们正在酝酿开发一个应用程序。我们向项目经理展示了一些基于她匆忙整理的思路开发出来的初步网页。虽然她对此大为满意，但也表示我们还需要将它们与一些真实数据联系起来。

领导的认可也让我们非常开心，至于她提的要求，则根本是小事一桩，因为我们知道，Spring Data 就提供了强大的数据管理功能。

不过，在采取进一步行动之前，我们必须做出选择：究竟想要什么样的数据存储？

当前最常用的数据库是关系型数据库（如 Oracle、MySQL、PostgreSQL 等）。正如在过去的 SpringOne 主题演讲中提到的，关系数据库占 Spring Initializr 上创建的所有项目的 80%，因此选择 NoSQL 数据存储时需要仔细考虑。NoSQL 名称是 Not only SQL 的简写，意即"不仅仅是 SQL"，强调了它与关系数据库的不同。如果要选择 NoSQL 数据库管理系统，则可以考虑以下 3 个选项：

- ❑ Redis 主要构建为键/值（key/value）数据存储。它在存储大量键/值数据方面非常快速且非常有效。最重要的是，它具有复杂的统计分析、键过期特性和允许持久化数据等诸多功能。
- ❑ MongoDB 是一个文档存储管理系统。它可以存储多层嵌套文档，还能够创建处理文档和生成聚合数据的管道。
- ❑ Apache Cassandra 提供了一个类似表的结构，具备高可扩展性，并且还能够控制一致性，不必等待所有节点都同意即可给出查询结果。

SQL 数据存储对于预定义数据结构、强制密钥和其他方面都有着严格的要求。它从诞生之日开始即如此，一直未变。

NoSQL 数据存储则倾向于放宽其中一些要求。许多系统不需要前期架构设计。它们可以有可选的属性，这样一个记录可能有与其他记录不同的字段（在相同的键空间或文档中）。

一些 NoSQL 数据存储在可伸缩性、最终一致性和容错方面为开发人员提供了更大的灵活性。例如，Apache Cassandra 允许你运行任意数量的节点，并允许你选择有多少节点必须在给出查询答案之前就你的查询达成一致。回答速度过快也许很不可靠，但 75% 的同意可能比等待所有节点更快（关系数据存储通常就是这种情况）。

NoSQL 数据存储通常不支持事务，但是它们中也有一些系统开始在有限的情况下提供这一支持。但一般来说，NoSQL 数据存储如果要模仿关系数据存储的每个特性（一致性、事务和固定结构），那么可能会失去使它们更快和更具可扩展性的特性。

话虽如此，我们目前关注的重点仍然是使用传统的数据存储。本章其余部分描述的功能可广泛用于 Spring Data 支持的任何数据存储。下文将解释原因。

3.1.1　使用 Spring Data 轻松管理数据

Spring Data 有一种独特的方法来简化数据访问。它的基本策略是在接口中定义单个 API，然后为每个数据存储提供实现。换言之，Spring Data 就是使用统一的数据访问模型进行数据操作，通过对象关系映射模式，屏蔽底层数据存储层的差异和细节，从而提高开发人员的生产效率。

基于这一策略，Spring Data 为数据访问提供了一致的基于 Spring 的编程模型，同时保留底层数据存储的特性。它使数据访问技术、关系数据库和非关系数据库、Map-Reduce 框架及基于云的数据服务变得更加简单易用。因此，这其实是一个伞形项目，其中包含许多特定于给定数据库的子项目。总之，Spring Data 通过不同子项目可以完成对不同数据类型和数据源的访问和数据操作。

对于 Spring Data 来说，每个数据存储都有多种访问数据的方法，但 API 则是一致的。因此，几乎每个 Spring Data 模块都有一个模板，可以让我们轻松地访问特定于数据存储的功能。其中一些模板包括：

- ❑ RedisTemplate
- ❑ CassandraTemplate
- ❑ MongoTemplate
- ❑ CouchbaseTemplate

这些模板类并不是某些通用 API 的后代。每个 Spring Data 模块都有自己的核心模板。它们都有相似的生命周期，以处理资源管理任务。每个模板都有多种功能，一些基于通用数据访问范例，另一些则基于数据存储的本机功能。

虽然开发人员几乎可以使用数据存储的模板做任何事情，但还有更简单的方法来访问数据。许多 Spring Data 模块包括存储库支持，从而可以纯粹基于我们的域类型来定义查询、更新和删除。下文你将看到如何更多地使用这些模块。

Spring Data 还有其他方式可以定义数据要求，包括 query by example 和对第三方库 Querydsl 的支持。

ℹ️ 注意：

虽然每个数据存储都有一个模板，但 HibernateTemplate 实际上是 Spring Framework 有关 Hibernate 解决方案的长期支持部分，它其实是一个工具，旨在帮助早期的遗留应用程序迁移到 Hibernate 的 SessionFactory.getCurrentSession() API 中。Hibernate 团队更喜欢使用这种方法，或者直接迁移到使用 JPA 的 EntityManager。因此，本章将不会深入研究 Hibernate 模板。当然，我们将探讨 Spring Data JPA 简化关系数据存储访问的许多方式。

所有这些方法都有一个共同的瑕疵。编写 select 语句，无论是针对 Redis、MongoDB 还是 Cassandra，不仅乏味而且维护成本高。考虑到很大一部分查询只是简单地复制映射到域类型和字段名称的结构值，因此 Spring Data 利用了域信息来帮助开发人员编写查询。

也就是说，它不是手动滚动查询，而是将数据访问的语言转移到域对象及其字段，使得我们可以将问题的解决转移到业务用例。

当然，总是有一些用例需要手写查询。例如，有些月度客户报告需要连接 20 个表，或者有些客户报告具有不同的输入组合。

你也可以选择避开任何 Spring Data 的帮助，而是直接编写查询。

本章的其余部分将探讨 Spring Data 提供的这些各种形式的数据访问如何让我们可以专注于解决客户的问题，而不是与查询语句的拼写错误作斗争。

3.1.2　将 Spring Data JPA 添加到项目中

在可以使用 Spring Data 做任何事情之前，必须先将它添加到我们的项目中。虽然前面我们花了一些时间讨论各种数据存储，但在这里我们还是顺应大多数人的需要，选择使用关系数据库。

为此，我们将使用 Spring Data JPA。首先，我们将选择一个简单的嵌入式数据库 H2。这是一个用 Java 编写的基于 JDBC 的关系数据库。它对于原型开发非常有效。

要将 Spring Data JPA 和 H2 添加到现有应用程序中，可以参考 2.1 节"使用 start.spring.io 构建应用程序"和 2.3 节"使用 start.spring.io 扩充现有项目"中介绍的操作。具体步骤如下。

（1）访问以下网址：

start.spring.io

（2）输入与之前相同的项目工件详细信息。

（3）单击 DENPENDENCIES（依赖项）。

（4）选择 Spring Data JPA 和 H2。

（5）单击 EXPLORE（浏览）。

（6）查找 pom.xml 文件并单击它。

（7）将新代码复制到剪贴板上。

（8）在集成开发环境（IDE）中打开之前的项目。

（9）打开 pom.xml 文件并将新代码粘贴到正确的位置。

单击 IDE 中的 Refresh（刷新）按钮，即已准备就绪。

我们现在已经将 Spring Data JPA 和 H2 添加到现有项目中，接下来就可以开始设计数据结构了。

3.2　DTO、实体和 POJO

在开始编写代码之前，我们还需要了解一个基本范式：数据传输对象（data transfer object，DTO）、实体与普通旧 Java 对象（plain old Java object，POJO）。

　　这 3 个约定之间的差异不是由任何类型的工具直接强制执行的。这就是为什么它是一个范式而不是一个编码结构。那么问题来了，DTO、实体和 POJO 究竟是什么呢？

- ❑　DTO：一个类，其目的是传输数据，通常是从服务器到客户端（反之亦可）。
- ❑　实体：一个类，其目的是将数据存储到数据存储中，或者从数据存储中检索数据。
- ❑　POJO：一个类，不扩展任何框架代码，也没有任何限制。

3.2.1　实体

　　当我们编写代码从数据库中查询数据时，数据最终所在的类通常被称为实体（entity）。当 JPA 被推出时，这个概念变成了标准。从字面上看，每个涉及通过 JPA 存储和检索数据的类都必须使用@Entity 进行注解。

　　但是实体的概念并不止于 JPA。用于将数据传入和传出 MongoDB 的类虽然不需要此类注解，但也可以被视为实体。

　　涉及数据访问的类通常也有数据存储的要求。JPA 专门使用代理来包装从查询中返回的实体对象，这使得 JPA 提供程序可以跟踪更新，这样它就知道何时实际将更新推送到数据存储〔这被称为冲刷（flush）〕，并帮助它更好地处理实体缓存。

　　说到实体，我们需要设定希望存储在数据库中的视频类型的详细信息。以下代码将适合本章的需要：

```
@Entity
class VideoEntity {

    private @Id @GeneratedValue Long id;
    private String name;
    private String description;

    protected VideoEntity() {
        this(null, null);
    }

    VideoEntity(String name, String description) {
        this.id = null;
        this.description = description;
        this.name = name;
    }
    // getters and setters
}
```

对上述代码的解释如下：

❑　@Entity 是 JPA 的注解，表示这是一个 JPA 管理的类型。

❑　@Id 是 JPA 的注解，标记主键。

❑　@GeneratedValue 是一个 JPA 注解，用于将密钥生成卸载到 JPA 提供程序。

❑　JPA 需要一个公共的或受保护的无参构造函数方法。

❑　我们还有一个未提供 id 字段的构造函数，该构造函数用于在数据库中创建新条目。当 id 字段为 null 时，它告诉 JPA 我们要在表中创建一个新行。

我们不会花很多时间讨论使用 JPA 建模实体。你如果对此感兴趣，可以阅读专门讨论实体建模复杂性的图书。

3.2.2　DTO

DTO 通常用于应用程序的 Web 层。这些类更关心获取数据并确保其格式正确以用于 HTML 生成或 JSON 处理。Jackson 是 Spring Boot 的默认 JSON 序列化/反序列化库，带有大量注解来自定义 JSON 渲染。

🛈 注意：

应该说，DTO 并不局限于 JSON。使用 XML 或任何形式的数据交换格式同样需要确保数据的正确格式，只不过 JSON 恰好是当今行业很流行的格式。因此，当我们选择 SpringWeb 时，Spring Boot 默认将 Jackson 放在 classpath 上。

为什么需要 DTO 和实体？因为近年来开发人员吸取的一个深刻教训是，类如果只专注于完成一项任务，那么更容易维护和更新。事实上，这个概念有一个专门的名称：单一职责原则（single-responsibility principle，SRP）。

从长远来看，一个试图既是 DTO 又是实体的类更难管理。为什么？因为有两个利益相关者：Web 层和持久层。

💡 提示：短期目标与长期目标

请注意我的措辞："从长远来看，一个试图既是 DTO 又是实体的类更难管理"，这是真的。但是当你向首席技术官（CTO）做演示时，这是一个短期的场景，你需要把它们之间的区别弄清楚。你不是在尝试构建一个持久的应用程序，而只是做一个快速的演示。在这些场景中，你可以让一个类同时充当 DTO 和实体。

当然，任何时候将 DTO 和实体分开都可能会得到更好的长期维护。有关更详细的讨论，请查看我的视频 DTOs vs. Entities（DTO 与实体），其网址如下：

https://springbootlearning.com/dtos-vs-entities

我们已经了解了 DTO 和实体。那么，POJO 适合在哪里使用呢？

3.2.3　POJO

Spring 在支持面向 POJO 的编程风格方面有着较长的历史。在 Spring 之前，即使不是大多数，也有许多基于 Java 的框架需要开发人员去扩展各种类，这会促使用户代码挂钩到框架中以实现其目标。

这些类显然很难使用。它们由于需要继承自框架，因此也不适合编写测试用例。这通常需要将所有东西都运行起来以验证用户创建的代码是否正常工作。总的来说，这带来了繁重的编码体验。

基于 POJO 的方法意味着编写用户代码，而不必扩展任何框架代码。

Spring 使用应用程序上下文注册 bean，这一概念使得开发人员避免这种繁重的编码任务成为可能。已注册的 bean 具有内置生命周期，为使用代理包装这些基于 POJO 的对象打开了方便之门（代理被允许应用服务）。

Spring 最早的功能之一便是事务支持。由于 Spring 可以在应用程序上下文中注册诸如 VideoService 之类的东西的革命性功能，你可以轻松地使用代理包装一个 bean，该代理会将 Spring 的 TransactionTemplate 应用于外部调用者进行的每个方法调用。

这使我们对 VideoService 进行单元测试，以确保它完成了自己的工作变得很容易，同时使事务支持成为服务甚至不必知道的配置步骤。

当 Java 5 出现并支持注解时，应用服务变得更加容易。事务支持可以使用简单的 @Transaction 注解来应用。

通过保持服务轻量和面向 POJO，Spring 实现了开发的轻量化。

注解的应用（仅此而已，不包含其他操作）是否真的是一个 POJO 或许值得商榷，但是，必须验证由 POJO 构建的应用程序，这一想法可以让我们更快地建立对系统的信心。

在完成所有这些准备工作之后，即可开始编写查询。

3.3　创建 Spring Data 存储库

什么是最好的查询？是我们不必编写的那个。

这听起来可能很荒谬，但 Spring Data 确实可以在无须编写查询的情况下编写大量查询。最简单的一种查询是基于存储库模式的。

该模式最初见于 *Patterns of Enterprise Application Architecture*（《企业应用程序架构

的模式》）一书。该书作者为 Martin Fowler，由 Addison-Wesley 出版社出版。

存储库模式实际上就是在一个地方收集给定域类型的所有数据操作。应用程序在域对话（domain speak）中与存储库对话，而存储库又在查询对话（query speak）中与数据存储对话。

在 Spring Data 之前，我们必须手动编写这个操作的转换，而 Spring Data 则提供了读取数据存储的元数据和执行查询派生（query derivation）的方法。

让我们来具体看一看。创建一个名为 VideoRepository.java 的新接口，并添加以下代码：

```
public interface VideoRepository extends JpaRepository
    <VideoEntity, Long> {
}
```

上述代码可以解释如下：

❑ 它使用两个通用参数（VideoEntity 和 Long）扩展 JpaRepository。VideoEntity 为域类型，Long 为主键类型。

❑ JpaRepository 是一个 Spring Data JPA 接口，包含一组已经支持的修改/替换/更新/删除（change/replace/update/delete，CRUD）操作。

信不信由你，这就是我们需要开始的全部。

这里要了解的最重要的事情之一是，通过使用 IDE 窥探 JpaRepository 的内部，我们会发现这个类的层次结构以 Repository 结尾。这是一个内部没有任何内容的标记接口。

Spring Data 被编码为查找所有 Repository 实例并应用其各种查询派生策略。这意味着我们创建的任何扩展 Repository 的接口或其任何子接口都将被 Spring Boot 的组件扫描拾取，并自动注册以供我们使用。

但这还不是全部。JpaRepository 加载了多种获取数据的方法，如以下操作所示：

❑ findAll(), findAll(Example<S>), findAll(Example<S>, Sort),findAll(Sort), findAllById (Iterable<ID>), findById(ID), findAll(Pageable), findAll(Example<S>, Pageable), findBy(Example<S>), findBy(Example<S>, Pageable), findBy(Example<S>, Sort), findOne(Example<S>)

❑ deleteById(ID), deleteAll(Iterable<T>), deleteAllById(Iterable<ID>), deleteAllByIdInBatch (Iterable<ID>), deleteAllInBatch()

❑ save(S), saveAll(Iterable<S>), saveAllAndFlush(Iterable<S>),saveAndFlush(S)

❑ count(), count(Example<S>), existsById(ID)

这些并不是都可以直接在 JpaRepository 中找到，还有一些在其他 Spring Data 存储库接口的上级层次结构中，包括 ListPagingAndSortingRepository、ListCrudRepository 和

QueryByExampleExecutor。

散布在各种签名中的通用类型可能看起来有点混乱。你可以查看以下列表以了解其意义：

- ❑　ID：存储库主键的通用类型。
- ❑　T：存储库的直接域类型的通用类型。
- ❑　S：扩展 T 的通用子类型。有时用于投影类型（projection type）。

有一些容器类型也可用在很多地方。例如：

- ❑　Iterable：一种不要求其所有元素都在内存中完全实现的可迭代类型。
- ❑　Example：用于 query by example 的对象。

在学习本章的过程中，我们将介绍这些不同的操作，以及如何使用它们来创建强大的数据访问包。

尽管所有这些操作都提供了令人难以置信的强大功能，但它们缺少的一点是使用更具体的条件进行查询的能力。接下来，就让我们看看制作更详细查询的方法。

3.4　使用自定义查找器

要创建自定义查找器，需要返回我们之前创建的存储库 VideoRepository，并添加以下方法定义：

```
List<VideoEntity> findByName (String name);
```

上述代码可以解释如下：

- ❑　findByName(String name) 方法称为自定义查找器（custom finder）。我们永远不必实现这个方法，因为 Spring Data 会为我们代劳。
- ❑　返回类型为 List<VideoEntity>，表明它必须返回存储库域类型的列表。

这个接口方法就是我们编写查询所需的全部。Spring Data 的神奇之处在于它会解析方法名。所有以 findBy 开头的存储库方法都被标记为查询。之后，它会查找带有一些可选限定符（Containing 或 IgnoreCase）的字段名称（Name）。由于这是一个字段，它希望有一个相应的参数（String name）。参数的名称无关紧要。

Spring Data JPA 会将此方法签名逐字转换如下：

```
select video.* from VideoEntity video where video.name = ?1
```

作为一项额外功能，它甚至还可以对传入的参数执行适当的绑定，以避免 SQL 注入攻击。它会将返回的每一行转换为 VideoEntity 对象。

💡 **提示：**

什么是 SQL 注入攻击？每当你给系统用户输入一段数据并将其拼接到查询中的机会时，你就冒着有人插入一段 SQL 来恶意攻击系统的风险。

一般来说，盲目复制和粘贴包含生产环境查询的用户输入是一种危险的做法。绑定参数提供了一种更安全的方法，迫使所有用户输入进入数据存储的前门，并正确应用于查询创建。

编写基于域类型的类型安全查询的能力怎么强调都不为过。我们也不需要处理表名或列名。Spring Data 将使用所有内置元数据来制作与我们的关系数据库对话所需的 SQL。

最重要的是，因为这是 JPA，所以我们甚至不必担心数据库方言。无论我们是在与 MySQL、PostgreSQL 还是其他一些实例对话，JPA 都将在最大程度上处理这些方言的特性。

自定义查找器使用的其他运算符包括：

- ❑ And 和 Or 可用于组合多个属性表达式。你还可以使用 Between、LessThan 和 GreaterThan。
- ❑ 你可以应用 IsStartingWith、StartingWith、StartsWith、IsEndingWith、EndingWith、EndsWith、IsContaining、Containing、Like、IsNotContaining、NotContaining 和 NotContains。
- ❑ 你可以将 IgnoreCase 应用于单个字段，或者你如果想将其应用于所有属性，则可以在末尾使用 AllIgnoreCase。
- ❑ 当你提前知道排序时，还可以对字段应用带有 Asc 或 Desc 的 OrderBy。

ℹ️ **注意：** Containing、StartsWith、EndsWith 和 Like 的比较

在 Jakarta 持久性查询语言（Jakarta persistence query language，JPQL）中，%是一个通配符，可以用于与 LIKE 进行部分匹配。要自己应用它，只需将 Like 应用于查找器，例如 findByNameLike()。但是，你如果正在做一些简单的事情，例如在开头放置通配符，则只需使用 StartsWith 并提供部分标记。SpringData 将为你插入通配符。EndsWith 在末尾放置通配符，Containing 在每一侧放置一个。如果你需要更复杂的东西，那么 Like 会让你掌控一切，例如%firstthis%uthhis%。

自定义查找器还可以导航关系。例如，如果存储库的域类型是 Person 并且它有一个带有 ZipCode 的地址字段，则可以编写一个名为 findByAddressZipCode(ZipCode zipCode) 的自定义查找器。这将生成一个连接以找到正确的结果。

Spring Data 如果遇到模棱两可的情况，则也可以解决问题。例如，如果刚才提到的那个 Person 对象还有一个 addressZip 字段，那么 Spring Data 自然会接管它来导航关系。

要强制其正确导航，可以使用下画线（_），如下所示：

```
findByAddress_ZipCode(ZipCode zipCode)
```

假设我们想要应用其中的一些技术，那么如何为我们的 Web 应用程序创建一个搜索框。

让我们为在第 2 章"使用 Spring Boot 创建 Web 应用程序"中创建的 Mustache 模板 index.mustache 添加一个搜索框，如下所示：

```
<form action="/multi-field-search" method="post">
    <label for="name">Name:</label>
    <input type="text" name="name">
    <label for="description">Description:</label>
    <input type="text" name="description">
    <button type="submit">Search</button>
</form>
```

上述代码可以解释如下：

❑　该操作将/multi-field-search 表示为目标 URL，HTTP 方法为 POST。

❑　name 和 description 都有 label（标签）和 input（文本输入框）。

❑　Search（搜索）按钮将启动整个表单。

当用户在任意一个文本框中输入搜索条件并单击 Search（搜索）按钮时，它将 POST 一个表单到/multi-field-search。

为了处理该操作，我们的控制器类中需要一个新方法来解析它。如第 2 章"使用 Spring Boot 创建 Web 应用程序"所述，Mustache 需要一种数据类型来收集 name 和 description 字段。Java 17 记录非常适合定义此类轻量级数据类型。

创建 VideoSearch.java 并添加以下代码：

```
record VideoSearch(String name, String description) {
}
```

这条 Java 17 记录有两个 String 字段——name 和 description——与之前在 HTML 表单中定义的名称完全匹配。

使用此数据类型，我们可以向第 2 章"使用 Spring Boot 创建 Web 应用程序"的 HomeController 中添加另一个方法来处理搜索请求：

```
@PostMapping("/multi-field-search")
public String multiFieldSearch( //
    @ModelAttribute VideoSearch search, //
    Model model) {
    List<VideoEntity> searchResults = //
```

```
        videoService.search(search);
    model.addAttribute("videos", searchResults);
    return "index";
}
```

上述控制器方法可以描述如下：

❑　@PostMapping("/multi-field-search")是 Spring MVC 的注解，用来标记处理 HTTP POST 请求到 URL 的方法。

❑　搜索参数具有 VideoSearch 记录类型。@ModelAttribute 注解是 Spring MVC 反序列化传入表单的信号。Model 参数是一种发送信息进行显示的机制。

❑　这里有一个新创建的 search()方法，VideoSearch 条件被转发到 VideoService（我们将在下面进一步定义）。结果被插入名为 videos 的 Model 对象中。

❑　该方法最终返回要渲染的模板名称 index。如前文所述，Spring Boot 负责将此名称转换为 src/main/resources/templates/index.mustache。

在定义用于处理搜索请求的 Web 方法时，我们必须设计一个 VideoService 方法来进行搜索。这是它变得有点棘手的地方。到目前为止，我们只是传送了请求的详细信息。

现在是时候发出请求了，我们设想可能发生以下情况：

❑　用户可能同时输入了 name 和 description 详细信息。

❑　用户可能只输入了 name 字段。

❑　用户可能只输入了 description 字段。

用户输入的信息可能是不确定的。例如，如果 name 字段为空，我们不想尝试匹配空字符串，因为那样会匹配所有内容。

因此，我们需要如下形式的方法签名：

```
public List<VideoEntity> search(VideoSearch videoSearch)
```

上述代码满足了我们获取 VideoSearch 输入并将其转换为 VideoEntity 对象列表的需要。从这里开始，我们需要根据输入切换到同时使用 name 和 description，第一个路径如下：

```
if (StringUtils.hasText(videoSearch.name())
    && StringUtils.hasText(videoSearch.description())) {
    return repository
        .findByNameContainsOrDescriptionContainsAllIgnoreCase(
            videoSearch.name(), videoSearch.description());
}
```

上述代码的解释如下：

❑　StringUtils 是一个 Spring Framework 实用程序，它允许检查 VideoSearch 记录的

两个字段是否都有一些文本、只有一个字段有文本，还是皆为空或 null。

❏　假设两个字段均已被填充，则可以调用匹配 name 字段和 description 字段的自定义查找器，但要使用 Contains 限定符和 AllIgnoreCase 修饰符。这其实就是在寻找两个字段的部分匹配，并且大小写应该不是问题。

如果有任何一个字段为空（或 null），则需要进行额外检查，如下所示：

```
if (StringUtils.hasText(videoSearch.name())) {
    return repository.findByNameContainsIgnoreCase
        (videoSearch.name());
}

if (StringUtils.hasText(videoSearch.description())) {
    return repository.findByDescriptionContainsIgnoreCase
        (videoSearch.description());
}
```

上述代码有相似之处，但也有所不同：

❏　使用与之前相同的 StringUtils 实用程序方法，检查 name 字段是否包含文本。如果是，则使用 Contains 和 IgnoreCase 限定符调用匹配 name 的自定义查找器。

❏　同样地，还需要检查 description 字段是否包含文本。如果是，则使用 Contains 和 IgnoreCase 限定符调用匹配 description 的自定义查找器。

最后，如果两个字段都为空（或 null），则只返回一个结果：

```
return Collections.emptyList();
```

由于这是可能发生的最终状态，因此不需要 if 子句。如果代码运行到这里，则返回一个空列表完全正确。

如果你觉得这一系列的 if 子句有点笨拙，我同意！还有更多使用 Spring Data JPA 查询数据库的方法，我们将进一步研究。在本章的后面，我们将讨论如何利用其中的一些策略来发挥我们的优势，并了解如何制作一个更加流畅的解决方案。

3.4.1　对结果进行排序

有若干种方法可以对数据进行排序，前面刚刚提到过添加一个 OrderBy 子句，这是一种静态方法，但也可以将其委托给调用者。

任何自定义查找器也可以有一个 Sort 参数，以允许调用者决定如何对结果进行排序：

```
Sort sort = Sort.by("name").ascending()
    .and(Sort.by("description").descending());
```

这个流畅的排序 API 让我们可以建立一系列的列，并允许我们选择这些列应该按升序还是降序排序。这也是应用排序的顺序。

如果你担心使用字符串值来表示列，那么从 Java 8 开始，Spring Data 也支持强类型排序标准，如下所示：

```
TypedSort<Video> video = Sort.sort(Video.class);
Sort sort = video.by(Video::getName).ascending()
    .and(video.by(Video::getDescription).descending());
```

3.4.2　限制查询结果

有若干种方法可以限制查询结果。为什么需要这个功能呢？很简单，想象一下，你在查询一个包含 100000 行的表，你肯定不想在一个页面中获取所有这些查询结果，那样会导致页面显示被卡死或浏览器直接崩溃。

我们可以应用于自定义查找器的一些选项包括：

❏ First 或 Top：查找结果集中的第一个条目，例如 findFirstByName(String name) 或 findTopByDescription(String desc)。

❏ FirstNNN 或 TopNNN：查找结果集中的前 NNN 个条目，例如 findFirst5ByName (String name)或 findTop3ByDescription(String name)。

❏ Distinct：将此操作符应用于支持它的数据存储，例如 findDistinct ByName(String name)。

❏ Pageable：请求一页数据，例如 PageRequest.of(1, 20)会找到第二个页面（0 为第一页），页面大小为 20。也可以给 Pageable 提供一个 Sort 参数。

同样重要的是要知道，我们不仅可以编写自定义查找器，还可以编写自定义的 existsBy、deleteBy 和 countBy 方法。它们都支持本节中描述的相同条件。

来看下面的一组例子：

❏ countByName(String name)：运行查询但应用了 COUNT 操作符，返回整数而不是域类型。

❏ existsByDescription(String description)：运行查询但收集结果是否为空。

❏ deleteByTag(String tag)：DELETE 而不是 SELECT。

💡 提示：SQL 与 JPQL

Spring Data JPA 实际上编写了什么查询？JPA 提供了一种构建查询的构造，称为 EntityManager。

EntityManager 提供了使用 JPQL 组装查询的 API。SpringDataJPA 将解析来自存储库

方法的方法，并代表你与 EntityManager 对话。

JPA 负责将 JPQL 转换为结构化查询语言（structured query language，SQL），即关系数据库所使用的语言。

某些概念，如注入攻击，实际上并不重要，无论我们谈论的是 JPQL 还是 SQL。但是当涉及具体的问题时，重要的是要确保我们谈论的是正确的事情。

自定义查找器非常强大。它们使快速捕获业务概念成为可能，而无须编写查询。

但这里也有一个基本的权衡，可能无法使它们成为所有情况下的理想选择。

所谓的自定义查找器现在几乎已经完全固定。为什么这样说呢？确实，我们可以通过参数提供自定义条件，并且可以动态地调整排序和分页，但是我们为条件选择的列以及它们的组合方式（IgnoreCase、Distinct 等）在我们编写它们时是固定的。

在之前的搜索框场景中你应该已经看到了这一点的局限性。该应用场景非常简单，只有两个参数：name 和 description。这让我们走上了编写一系列 if 子句以选择正确的自定义查找器的道路。

但是，想象一下，如果我们需要添加越来越多的选项，那么这将会如何导致代码膨胀爆炸。

再回到正题，这种方法会导致查找器方法的组合爆炸式增长以覆盖所有条件，并且 if 语句很快就会变得冗长且有点难以推理。如果我们再添加一个字段又会发生什么呢？

如前文所述，这里的问题在于自定义查找器可以应用的条件几乎都是静态的。值得庆幸的是，Spring Data 提供了一种摆脱这种状况的方法，接下来就让我们来看看这种方法。

3.5　使用 query by example 找到动态查询的答案

当查询的确切条件因请求而异时该怎么办？简而言之，我们需要一种方法来为 Spring Data 提供一个对象，由该对象捕获我们感兴趣的字段，同时忽略我们不感兴趣的字段。

这种方法便是通过示例查询（query by example，QBE）。

query by example 允许我们创建一个探测器（probe），它是域对象的一个实例。我们用想要应用的条件填充字段，并将不感兴趣的字段留空（null）。

我们可以包装该探测器，创建一个 Example。来看以下示例：

```
VideoEntity probe = new VideoEntity();
probe.setName(partialName);
probe.setDescription(partialDescription);
probe.setTags(partialTags);
```

```
Example<VideoEntity> example = Example.of(probe);
```

上述代码的解释如下：

❑　前几行是创建探测器的地方，这大体上是从发布它们的 Spring MVC Web 方法中提取字段，一些字段已填充，一些字段为空。

❑　最后一行使用仅完全匹配非空字段的策略包装 Example<VideoEntity>探测器。

在 3.4 节 "使用自定义查找器" 中讨论自定义查找器的缺陷时，我们提到了应用 AllIgnoreCase 子句。要通过 query by example 执行相同的操作，必须按以下方式更改我们的示例：

```
Example<VideoEntity> example = Example.of(probe,
    ExampleMatcher.matchingAll()
        .withIgnoreCase()
        .withStringMatcher(StringMatcher.CONTAINING));
```

假设使用与以前完全相同的探针，则 ExampleMatcher 会按如下方式进行更改：

❑　它将匹配所有字段，本质上和以前的 And 操作是一样的。当然，如果想要切换到 Or 操作，则可以使用 matchingAny()。

❑　withIgnoreCase()告诉 Spring Data 使查询不区分大小写。它实际上是对所有列应用 lower()操作（因此需要适当调整任何索引）。

❑　withStringMatcher()应用 CONTAINING 过滤器以使其在所有非空列上部分匹配。在底层，Spring Data 使用通配符包装每一列，然后应用 LIKE 操作符。

假设将 Example<VideoEntity>放在一起，又该如何使用它呢？我们利用的 JpaRepository 接口带有 findOne(Example<S> example)和 findAll(Example<S> example)。

💡 提示：

JpaRepository 将从 QueryByExample Executor 继承这些基于 Example 的操作。你如果正在开发自己的 Repository 扩展，则可以手动扩展 QueryByExampleExecutor 或添加 findAll(Example<S>)方法。

无论哪种方式，只要方法签名存在，Spring Data 就会很高兴地执行 QueryByExample。

到目前为止，我们已经研究了如何使用网页上的某种搜索框或过滤器来组装探测器。如果我们决定从多字段设置切换到只有一个输入的通用搜索框，那么适应它是很简单的，几乎不需要什么努力。

让我们看看能不能设计出这样一个搜索框：

```
<form action="/universal-search" method="post">
    <label for="value">Search:</label>
```

```
    <input type="text" name="value">
    <button type="submit">Search</button>
</form>
```

上述代码中的这个表单与本章前面创建的 HTML 模板非常相似,区别在于以下两点:

❑ 目标 URL 是/universal-search。

❑ 只有一个输入 value。

同样,为了传输这段输入数据,我们需要用 DTO 包装它。由于有 Java 17 记录,这非常简单。只需创建一条 UniversalSearch 记录,如下所示:

```
record UniversalSearch(String value) {
}
```

上面的 DTO 包含一个条目:value。

要处理这个新的 UniversalSearch,还需要一个新的 Web 方法:

```
@PostMapping("/universal-search")
public String universalSearch(
    @ModelAttribute UniversalSearch search, Model model) {
        List<VideoEntity> searchResults =
            videoService.search(search);
    model.addAttribute("videos", searchResults);
    return "index";
}
```

上面的搜索处理程序与我们之前制作的多字段处理程序非常相似,但有以下不同之处:

❑ 它响应/universal-search。

❑ 传入表单以单个值 UniversalSearch 类型捕获。

❑ 搜索 DTO 被传递给不同的 search()方法,下文将编写它。

❑ 搜索结果存储在 Model 字段中,由 index 模板显示。

现在我们准备通过创建一个 VideoService.search()方法来利用 query by example,该方法接收一个值并将其应用于所有字段,如下所示:

```
public List<VideoEntity> search(UniversalSearch search) {
    VideoEntity probe = new VideoEntity();
    if (StringUtils.hasText(search.value())) {
        probe.setName(search.value());
        probe.setDescription(search.value());
    }
    Example<VideoEntity> example = Example.of(probe, //
```

```
        ExampleMatcher.matchingAny() //
            .withIgnoreCase() //
            .withStringMatcher(StringMatcher.CONTAINING));
    return repository.findAll(example);
}
```

上述替代搜索方法可以解释如下：

❑　它接收 UniversalSearch DTO。

❑　我们基于与存储库相同的域类型创建了一个探测器，并将 value 复制到该探测器的 name 和 description 字段中，但前提条件是其中有文本。如果 value 属性为空，则字段保留为 null。

❑　我们使用 Example.of 静态方法组装了一个 Example<VideoEntity>。当然，除了提供探测器，我们还提供了忽略大小写和应用 CONTAINING 匹配的额外条件，这会在每个输入的两边放置通配符。

❑　我们由于在所有字段中放置了相同的条件，因此需要切换到 matchingAny()，即执行 Or 操作。

通过对用户界面进行一次设计上的更改并切换到 query by example 方法，即可调整后端以查找结果。

这不仅有效而且可维护性好，非常容易阅读和理解正在发生的事情。如果要向这个基于视频的结构添加更多属性，则调整起来并不难。

💡 提示：

如果你认为可以简单地创建一个匹配所有字段的查找器，并为你想要忽略的列提供 null，这是行不通的。

值得一提的是，在关系数据库中，null 和 null 并不相等。这就是为什么 Spring Data 还使用 IsNull 和 IsNotNull 作为限定符。例如，findByNameIsNull 将查找 name 字段为 null 的任何条目。

当然，这还不是全部。还有其他方式来处理查询，包括接下来我们将要介绍的更流畅的方式。

3.6　使用自定义 JPA

如果我们的一切尝试都失败了，并且似乎无法改变 Spring Data 的查询派生策略来满足我们的需求，则可以自己编写 JPQL。

在我们的存储库接口中,可以创建一个查询方法,如下所示:

```
@Query("select v from VideoEntity v where v.name = ?1")
List<VideoEntity> findCustomerReport(String name);
```

上述方法可以解释如下:

- ❏　@Query 是 Spring Data JPA 提供自定义 JPQL 语句的方式。
- ❏　可以使用?1 来包含位置绑定参数,以将其绑定到 name 参数。
- ❏　由于我们提供的是 JPQL,因此该方法的名称不再重要。这是我们选择一个比自定义查找器限制更好的名称的机会。
- ❏　因为返回类型是 List<VideoEntity>,所以 Spring Data 会形成一个集合。

使用@Query 实际上回避了通过 Spring Data 完成的任何查询编写,并使用了用户提供的查询,但有一个例外:Spring Data JPA 仍将应用 ordering 和 paging。因为 SORT 子句可以附加在查询的末尾,所以 Spring Data JPA 允许我们提供一个 Sort 参数并应用它。

当我们专注于 Spring Data JPA 细节(例如 JPQL)时,几乎所有其他 Spring Data 模块都有相应的@Query 注解。每个数据存储都允许开发人员使用该数据存储的查询语言编写自定义查询,例如 MongoQL、Cassandra 查询语言(Cassandra query language,CQL)、Nickel/Couchbase 查询语言(Nickel/Couchbase query language,N1QL)。

对于 Spring Data JPA 来说,必须强调这个注解让我们提供 JPQL。

上述示例对于自定义查询来说是很简单的。如果你认为根据到目前为止所学习的内容,它是 findByName(String name)的完美候选者,那么你是对的。

但是,有时我们需要连接许多不同表的自定义查询。这也许更类似于以下代码:

```
@Query("select v FROM VideoEntity v " //
    + "JOIN v.metrics m " //
    + "JOIN m.activity a " //
    + "JOIN v.engagement e " //
    + "WHERE a.views < :minimumViews " //
    + "OR e.likes < :minimumLikes")
List<VideoEntity> findVideosThatArentPopular( //
    @Param("minimumViews") Long minimumViews, //
    @Param("minimumLikes") Long minimumLikes);
```

上述代码可以解释如下:

- ❏　此@Query 显示了一个 JPQL 语句,该语句使用标准内连接(inner join)将 4 个不同的表连接在一起。
- ❏　:minimumViews 和:minimumLikes 是命名参数(而不是默认的位置参数)。它

们被 Spring Data @Param("minimumViews")和@Param("minimumLikes")注解绑定到方法参数上。

上述方法已经越来越接近@Query 的优点。作为一项类比，自定义查找器如下：

```
findByMetricsActivityViewsLessThanOrEngagementLikesLessThan(Long
minimumViews, Long minimumLikes)
```

💡 提示：

在自定义查找器和@Query 之间进行选择很困难。老实说，对于这个将 4 个表连接在一起的示例，我仍然会选择使用自定义查找器，因为我知道这是正确的。

但是，随着查找器的方法变得越来越长，事情开始朝着有利于手工编写查询的方向发展。一个关键因素是 WHERE 子句的数量以及复杂 JOIN（即外连接）子句的数量。实际上，用一个简单的名称捕获查询越困难，就越能更好地控制整个查询。

如果 JPQL 成为你的障碍，则可以超越它并使用@Query 的 nativeQuery=true 参数编写纯 SQL。

Spring Data JPA 3.0 包含 JSqlParser，这是一个 SQL 解析库，使用它可以编写如下查询：

```
@Query(value="select * from VIDEO_ENTITY where NAME = ?1",
nativeQuery=true)
List<VideoEntity> findCustomWithPureSql(String name);
```

为什么要像上面的代码那样编写查询呢？这可能有以下两个原因：

☐ 也许我们需要访问客户报表，但所有相关表并没有真正连接到查找器操作的其余内容。在这种情况下，为一个报表配置一堆实体类型是否值得？专注于为报表编写纯 SQL 可能更容易。

☐ 我们已经看过一些报表，这些报表实际上是通过复杂的左外连接（left outer join）、相关子查询和其他复杂性来连接 20 个表。在这种情况下，为了使用 JPA 而将其转换为 JPQL 没有任何意义。

将自定义查找器切换为本机 SQL 的标准与是否要将其切换为自定义 JPQL 的标准非常接近。这实际上取决于我们对 JPQL 与 SQL 的熟悉程度。

💡 提示：

就个人而言，我如果使用的是@Query，那么可能会切换为使用纯 SQL 而不是 JPQL，但这可能是因为我在 SQL 方面的经验比在 JPQL 方面的经验要多得多。

我个人曾经在一个全天候系统（每天 24 小时×每周 7 天）上工作过，每隔 5 个 9 秒就有 200 多个查询，所以我可以闭着眼睛编写左外连接和相关子查询，而 JPQL 的相应功能还需要仔细研究。

但是，也许 JPQL 就是你的菜。如果你非常熟悉 JPQL，那使用它也没有任何问题。总之，无论你用什么完成工作，都要全力以赴!

另一个需要考虑的因素是：Spring Data JPA 在执行本机查询时不支持动态排序。要完成该操作，需要通过添加 SORT 子句来操纵 SQL。你可以使用 Pageable 参数支持分页请求，但是需要填入@Query 的 countQuery 项，提供要统计的 SQL 语句（Spring Data JPA 可以迭代结果集，提供结果页面）。

重要的是要了解，Spring Data 仍将处理连接管理和事务处理。

3.7　小　　结

本章学习了多种使用 Spring Data JPA 获取数据的方法，并且演示了如何将若干种查询变体挂接到一些搜索框中。我们使用了 Java 17 记录快速组装 DTO 以将表单请求传送到 Web 方法和 VideoService 上。

我们还探讨了何时使用各种查询策略是有意义的。

在第 4 章 "使用 Spring Boot 保护应用程序" 中，我们将探索如何锁定应用程序并使其为生产做好准备。

第 4 章　使用 Spring Boot 保护应用程序

在第 3 章 "使用 Spring Boot 查询数据" 中，我们学习了如何使用 Spring Data JPA 查询数据。相信你现在已经掌握了如何编写自定义查找器、使用 query by example，以及如何使用自定义 JPQL 和 SQL 直接访问数据存储。

本章将介绍如何保证应用程序的安全。

安全是一个关键问题。应用程序如果得不到安全上的保护，那么显然无法变成真正有意义的应用。

但安全性绝不是像一个开关那么简单，只要打开就有了。安全性是一个需要多层思考的复杂问题。这需要谨慎对待。

在深入研究本章主题时，我们的经验是，不要试图用你自己的方法执行保护，不要推行你自己的解决方案。不要以为这很容易。事实上，很多人自以为是的 "安全"，在真正的高手面前如纸糊的一样。一位编写商业实用程序为丢失密码的用户找回 Word 文档的程序员就曾经说过，他有时候不得不故意拖延一下，以使程序解开密码的过程显得不那么轻松。

在保证应用程序的安全方面，我们应该更信任那些研究应用程序安全多年的安全工程师、计算机科学家和行业领导者。因此，采用行业专家开发的工具和实践是确保我们的应用程序数据及其用户得到适当保护的第一步。

这就是为什么我们的第一步将转向一个备受推崇的安全工具：Spring Security。

Spring Security 从一开始（2003 年）就是以开放的方式开发的。这个框架不是专有的，而是得到了全球备受尊敬的安全专家的贡献。此外，它还一直由 Spring 团队的专门小组积极维护。

本章包含以下主题：

❑　将 Spring Security 添加到项目中
❑　使用自定义安全策略创建用户
❑　使用 Spring Data 支持的一组用户交换硬编码用户
❑　保护网络路由和 HTTP 谓词
❑　Spring Data 的安全保护方法
❑　利用 Google 对用户进行身份验证

提示：

本章代码网址如下：

https://github.com/PacktPublishing/Learning-Spring-Boot-3.0/tree/main/ch4

4.1　将 Spring Security 添加到项目中

在可以使用 Spring Security 做任何事情之前，必须将它添加到项目中。

要将 Spring Security 添加到我们现有的应用程序中，可以轻松地使用前几章中介绍的相同策略。其操作步骤如下。

（1）访问以下网址：

start.spring.io

（2）输入与之前相同的项目工件详细信息。

（3）单击 DENPENDENCIES（依赖项）。

（4）选择 Spring Security。

（5）单击 EXPLORE（浏览）。

（6）查找 pom.xml 文件并单击它。

（7）将新代码复制到剪贴板上。请注意，Spring Security 有两部分：一个启动器和一个测试模块。

（8）在集成开发环境（IDE）中打开之前的项目。

（9）打开 pom.xml 文件并将新代码粘贴到正确的位置。

单击 IDE 中的 Refresh（刷新）按钮，即已准备就绪。

这个模块是开箱即用的，因此我们可以立即运行到目前为止构建的应用程序。由 Spring Data JPA 支持的完全相同的 Web 应用程序是可以运行的……并且它将被锁定。

有点儿小尴尬。

当 Spring Boot 在路径上检测到 Spring Security 时，它会使用随机生成的密码锁定所有内容。这可能是好事，也可能是坏事。

如果我们向一家公司的 CTO 做简要汇报，展示 Spring Boot 的强大功能如何让我们轻松锁定应用程序，这可能是一件好事。

但我们如果打算做比推销更深入的事情，则需要另一种方法。使用 Spring Boot 自动配置的“用户”其用户名和随机密码的问题在于每次应用程序重新启动时密码都会更改。

我们固然可以使用 application.properties 覆盖用户名、密码甚至角色，但这是不可扩展的。还有另一种方法则需要大约相同的努力，并为我们提供一种更现实的方法。

这就是我们接下来要解决的问题。

4.2　使用自定义安全策略创建用户

Spring Security 具有高度可插入的架构，我们将在本章中充分利用它。

保护任何应用程序的关键方面如下：

❏　定义用户来源。

❏　为用户创建访问规则。

❏　将应用程序的各个部分与访问规则相关联。

❏　将策略应用于应用程序的所有方面。

现在让我们从第一步开始，创建用户来源。Spring Security 为这个任务提供了一个接口：UserDetailsService。

为了利用这个接口，可以首先使用以下代码创建一个 SecurityConfig Java 类：

```
@Configuration
public class SecurityConfig {

    @Bean
    public UserDetailsService userDetailsService() {
        UserDetailsManager userDetailsManager =
            new InMemoryUserDetailsManager();
        userDetailsManager.createUser(
            User.withDefaultPasswordEncoder()
                .username("user")
                .password("password")
                .roles("USER")
                .build());
        userDetailsManager.createUser(
            User.withDefaultPasswordEncoder()
                .username("admin")
                .password("password")
                .roles("ADMIN")
                .build());
        return userDetailsManager;
    }
}
```

上述代码的解释如下：

❑ @Configuration 是 Spring 的注解，表示该类是 bean 定义的来源，而不是实际的应用程序代码。Spring Boot 将通过其组件扫描检测到它，并自动将其所有 bean 定义添加到应用程序上下文中。

❑ UserDetailsService 是 Spring Security 定义用户来源的接口。这个标有@Bean 的 bean 定义创建了 InMemoryUserDetailsManager。

❑ 使用 InMemoryUserDetailsManager，我们可以创建一组用户。每个用户都有用户名（username）、密码（password）和角色（role）。

此代码片段还使用了 withDefaultPasswordEncoder() 方法来避免对密码进行编码。

重要的是要理解，当 Spring Security 被添加到 classpath 中时，Spring Boot 的自动配置将激活 Spring Security 的@EnableWebSecurity 注解。这会打开各种过滤器和其他相应组件的标准配置。

根据这是 Spring MVC 还是它的反应式变体 Spring WebFlux，Spring Boot 将动态选择组件，所需的 bean 之一是 UserDetailsService bean。

Spring Boot 将自动配置我们在 4.1 节"将 Spring Security 添加到项目中"中谈到的单用户实例版本。但是，因为我们定义了自己的版本，因此 Spring Boot 将退后一步，让我们自己的版本取代它。

💡 提示：

在到目前为止的代码中，我们使用了 withDefaultPasswordEncoder() 以明文形式存储密码。但是，在生产环境中切记不要这样做！密码在存储之前一定需要加密。事实上，关于密码的正确存储有着悠久而详细的历史，这不仅可以减少嗅探密码的风险，还可以防止字典攻击。

有关使用 SpringSecurity 时正确保护密码的更多详细信息，请访问以下网址：

https://springbootlearning.com/password-storage

信不信由你，这足以运行我们在本书中开发的应用程序。右击 public static void main() 方法并运行它，或者在终端中使用./mvnw spring-boot:run。

应用程序启动后，在新的浏览器选项卡中访问 localhost:8080，你应该会被自动重定向到位于 /login 的页面，如图 4.1 所示。

这是 Spring Security 的内置登录表单，因此无须我们自己动手编写它。如果我们输入来自 userDetailsService bean 的其中一个账户的用户名和密码，即可顺利登录。

如果硬编码密码让你感觉到不安全，则可以将用户凭据的存储移动到外部数据库，这正是接下来我们要讨论的主题。

图 4.1　Spring Security 的默认登录表单

4.3　使用 Spring Data 支持的一组用户交换硬编码用户

如果我们正在创建一个演示（或写一本书），那么创建一组硬编码的用户是没问题的，但它无法构建一个真正的、面向生产环境的应用程序。相反，在生产环境中最好将用户管理外包给外部数据库。

通过让应用程序连接外部用户源并进行身份验证，另一个团队（例如同一公司的安全工程团队）就可以通过管理该数据库的完全不同的工具来管理用户。

将用户管理与用户身份验证解耦是提高系统安全性的好方法。因此，我们将把在第 3 章"使用 Spring Boot 查询数据"中学到的一些技术与在 4.2 节"使用自定义安全策略创建用户"中学到的 UserDetailsService 接口结合起来。

由于在 classpath 上已经有 Spring Data JPA 和 H2，因此可以定义基于 JPA 的 UserAcount 域对象如下：

```
@Entity
public class UserAccount {
    @Id
    @GeneratedValue
    private Long id;
    private String username;
    private String password;
    @ElementCollection(fetch = FetchType.EAGER)
    private List<GrantedAuthority> authorities = //
        new ArrayList<>();
}
```

上述代码的解释如下：

❑　如第 3 章"使用 Spring Boot 查询数据"所述，@Entity 是 JPA 的注解，用于表示映射到关系表的类。

- ❑　主键由@Id 注解标记。@GeneratedValue 通知 JPA 提供程序为我们生成唯一值。
- ❑　该类还有一个用户名、一个密码和一个权限列表。
- ❑　因为权限是一个集合，所以 JPA 2 提供了一种简单的方法来使用它们的 @ElementCollection 注解来处理这个问题。所有这些权限值都将被存储在一个单独的表中。

在要求 Spring Security 获取用户数据之前，我们可能应该先加载一些数据。在生产环境中，我们需要构建一个单独的工具来创建和更新表。这里我们可以直接预加载一些条目。

为此，我们可以通过创建一个 UserManagementRepository 接口来创建一个针对用户管理器的 Spring Data JPA 存储库定义，如下所示：

```
public interface UserManagementRepository extends
    JpaRepository<UserAccount, Long> {
}
```

上面的存储库扩展了 Spring Data JPA 的 JpaRepository，提供了任何用户管理工具所需的一整套操作。

为了利用它，我们需要 Spring Boot 在应用程序启动时运行一段代码。将以下 bean 定义添加到 SecurityConfig 类中：

```
@Bean
CommandLineRunner initUsers(UserManagementRepository repository) {
    return args -> {
        repository.save(new UserAccount("user", "password",
            "ROLE_USER"));
        repository.save(new UserAccount("admin", "password",
            "ROLE_ADMIN"));
    };
}
```

上述 bean 定义了 Spring Boot 的 CommandLineRunner（通过 Java 8 lambda 函数）。

💡 提示：

CommandLineRunner 是一个单一抽象方法（single abstract method，SAM），这意味着它只有一个必须定义的方法。这一特性使我们能够使用 lambda 表达式实例化 CommandLineRunner，而不是像在 Java 8 推出之前那样创建一个匿名类。

在我们的示例中，有一个依赖于 UserManagementRepository 的 bean 定义。在 lambda 表达式中，此存储库用于保存两个 UserAccount 条目：一个用户（user）和一个管理员

（admin）。有了这两个条目，即可编写面向 JPA 的 UserDetailsService。

要获取 UserAccount 条目，需要另一个 Spring Data 存储库定义。只是这一次，我们需要一个非常简单的定义，不涉及保存或删除的内容。因此，我们创建一个名为 UserRepository 的接口，如下所示：

```
public interface UserRepository extends
    Repository<UserAccount, Long> {
        UserAccount findByUsername(String username);
}
```

上述代码与我们之前创建的存储库（UserManagementRepository）有以下区别：

❑ 它扩展了 Repository 而不是 JpaRepository。这意味着它从一无所有开始。除了此处的内容，没有定义任何操作。

❑ 它有一个自定义查找器 findByUsername，用于根据用户名获取 UserAccount 条目。这正是我们在本节后面为 Spring Security 提供服务所需要的。

这是 Spring Data 真正出彩的地方之一。我们专注于 UserAccount 域并编写了一个涉及存储数据的存储库，同时定义了另一个专注于获取单个条目的存储库。这些都不涉及编写 JPQL 或 SQL。

有了这些之后，即可创建一个 bean 定义，通过将其添加到 SecurityConfig 类中，我们可以替换在 4.2 节 "使用自定义安全策略创建用户" 中定义的 UserDetailsService bean：

```
@Bean
UserDetailsService userService(UserRepository repo) {
    return username -> repo.findByUsername(username)
        .asUser();
}
```

上面的 bean 定义调用了 UserRepository，然后我们使用它来构造一个形成 UserDetailsService 的 lambda 表达式。我们如果查看该接口，就会发现它是另一个 SAM，一个名为 loadUserByName 的方法，将基于字符串的 username 字段转换为 UserDetails 对象。传入的参数是 username，然后我们可以将其委托给存储库。

UserDetails 是 Spring Security 对用户信息的表示。这包括 username、password、authorities 和一些代表锁定、过期和启用的布尔值。

前面代码中的 userService bean 生成的是一个 UserDetailsService bean，而不是 UserDetails 对象本身。这是一项旨在检索用户数据的服务。

bean 定义中的 lambda 表达式被转换为 UserDetailsService.loadUserName()，一个以 username 作为输入并生成 UserDetails 对象作为其输出的函数。想象一下有人在登录提示符下输入用户名，这个值就是输入该函数中的值。

该存储库执行基于用户名从数据库中获取 UserAccount 的关键步骤。为了让 Spring Security 使用数据库中的这个实体，它必须被转换为 Spring Security User 对象（它实现了 UserDetails 接口）。

所以，我们需要回到 UserAccount 上并添加一个方便的方法 asUser() 来转换它：

```
public UserDetails asUser() {
    return User.withDefaultPasswordEncoder() //
        .username(getUsername()) //
        .password(getPassword()) //
        .authorities(getAuthorities()) //
        .build();
}
```

可以看到，该方法使用 Spring Security UserDetails 对象的构建器并插入实体类型的属性，简单地创建了一个 Spring Security UserDetails 对象

现在我们有了一个完整的解决方案，可以将用户管理外包给数据库表。

ℹ警告：

如果你担心对密码进行编码以防止黑客攻击的问题，那么你的担心是有道理的，这需要由实际存储这些密码的用户管理工具来处理，我们前面提到过。我们还需要应对更新角色的需要。除此之外，我们还需要一个安全的解决方案来防止哈希表攻击。

事实上，用户管理可能成为一项烦琐的管理任务。在 4.6 节"利用 Google 对用户进行身份验证"中，我们将研究管理用户的替代方法。

在本节开头我们提到需要定义用户来源，现在这个任务已经完成。下一个要解决的问题是定义一些访问角色，因此，接下来让我们深入研究该主题。

4.4 保护网络路由和 HTTP 谓词

锁定应用程序并只允许授权用户访问它是为安全保护向前迈出的一大步。但是，在很多情况下这都是不够的。

我们还必须真正限制谁可以做什么。到目前为止，我们所应用的流程被称为身份验证（authentication），人们必须在封闭的用户列表中证明自己的身份。

但是，在任何实际应用程序中还必须应用的下一个安全措施是所谓的授权（authorization），即允许用户执行的操作。

Spring Security 使这一应用变得超级简单。自定义安全策略的第一步是向我们在本章前面创建的 SecurityConfig 类中添加一个 bean 定义，该类是在 4.2 节"使用自定义安全策略创建用户"中创建的。

4.4.1　Spring Boot 自动配置的安全策略

到目前为止，Spring Boot 已经有了一个自动配置的策略。我们可以来看看在 Spring Boot 自己的 SpringBootWebSecurityConfiguration 中有些什么内容：

```
@Bean
SecurityFilterChain defaultSecurityFilterChain
    (HttpSecurity http) throws Exception {
        http.authorizeRequests().anyRequest().authenticated();
        http.formLogin();
        http.httpBasic();
    return http.build();
}
```

上述代码片段可以解释如下：
❑ @Bean 表示该方法将作为 bean 定义被拾取，并添加到应用程序上下文中。
❑ SecurityFilterChain 是定义 Spring Security 策略所需的 bean 类型。
❑ 要定义这样的策略，需要一个 Spring Security HttpSecurity bean。这使我们能够定义管理应用程序的规则。
❑ authorizeRequests 准确定义了将如何授权请求。在本示例中，如果用户通过身份验证并且这是应用的唯一规则，则允许任何请求。
❑ 除此之外，还打开了 formLogin 和 httpBasic 指令，启用了两种标准身份验证机制：HTTP Form 和 HTTP Basic。
❑ 使用具有这些设置的 HttpSecurity 构建器来显示 SecurityFilterChain，所有的 servlet 请求都将通过它进行路由。

4.4.2　表单身份验证和基本身份验证

要提供有关 formLogin 和 httpBasic 的更多详细信息，了解一些事实是很重要的。
❑ 表单身份验证（form authentication）涉及制作一个漂亮的 HTML 表单，可以对其进行样式化以匹配 Web 应用程序的主题。Spring Security 甚至提供了一个默认的表单页面（本章使用的就是这个页面）。表单身份验证也支持注销。

❑　　基本身份验证（basic authentication）与 HTML 和表单显示无关，而是涉及每个
　　　浏览器中内置的弹出窗口。不支持自定义，丢弃凭据的唯一方法是关闭或重新
　　　启动浏览器。基本身份验证还可以使用命令行工具（如 curl），使得进行身份验
　　　证变得非常简单。

一般来说，在同时具有表单身份验证和基本身份验证机制时，应用程序将在浏览器
中采用基于表单的身份验证，同时仍允许从命令行工具中进行基本身份验证。

Spring Boot 提供的这个安全策略不包含任何授权。只要用户通过身份验证，基本上
就会授予对所有内容的访问权限。

更详细的策略示例如下：

```
@Bean
SecurityFilterChain configureSecurity(HttpSecurity http)
    throws Exception {
        http.authorizeHttpRequests() //
            .requestMatchers("/resources/**", "/about", "/login")
                .permitAll() //
                .requestMatchers(HttpMethod.GET, "/admin/**")
                .hasRole("ADMIN") //
                .requestMatchers("/db/**").access((authentication,
                    object) -> {
                        boolean anyMissing = Stream.of("ADMIN",
                                                       "DBA")//
                            .map(role -> hasRole(role)
                            .check(authentication, object).isGranted()) //
                            .filter(granted -> !granted) //
                            .findAny() //
                            .orElse(false); //
    return new AuthorizationDecision(!anyMissing);
        }) //
        .anyRequest().denyAll() //
        .and() //
        .formLogin() //
        .and() //
        .httpBasic();
    return http.build();
}
```

上述安全策略有很多细节，所以让我们逐条进行解释：
❑　　方法签名与之前显示的 Spring Boot 的默认策略相同。方法名称可以不同，但这
　　　其实并不重要。

❑ 该策略使用了 authorizeHttpRequcsts，表示基于 Web 的检查。

❑ 第一条规则是基于路径的检查，以查看 URL 是否以/resources、/about 或/login 开始。如果是，则无论身份验证状态如何，都会立即授予访问权限。换句话说，无须登录即可自由访问这些页面。

❑ 第二条规则查找对/admin 页面的任何 GET 调用。这些调用表明用户具有 ADMIN 角色。这是 HTTP 谓词可以与路径组合以控制访问的地方。这对于锁定诸如 DELETE 操作之类的东西特别有用。

❑ 第三条规则显示了一个更强大和可自定义的检查。如果用户试图访问/db 路径下的任何内容，则会执行特殊的访问检查。上述代码有一个 lambda 函数，我们会收到当前用户身份验证的副本以及正在检查的对象。该函数采用角色流（DBA 和 ADMIN），检查用户是否被授予该角色，查找任何未被授予的角色，如果有任何未被授予的角色，则拒绝访问。换句话说，用户必须同时是 DBA 和 ADMIN 才能访问此路径。

❑ 最后一条规则拒绝访问。这是一个兜底模式。如果用户不满足之前的任何规则，则不应授予他们访问任何内容的权限。

❑ 在这些规则之后，表单身份验证和基本身份验证都被启用，就像 Spring Boot 的默认策略一样。

安全是一头需要驯服的野兽。这就是无论 Spring Security 提供什么规则，我们都必须始终能够编写自定义访问检查的原因。管理访问/db/**的规则就是一个很好的例子。

与其期望 Spring Security 捕获可能规则的每个排列，还不如让我们能够编写自定义检查，这样来得更容易。在上述示例中，我们选择了检查某人是否拥有所有角色。值得一提的是，Spring Security 具有内置功能来检测用户是否具有给定角色列表中的任何一个，但是不能检查所有角色。

我们编写的这个自定义规则是一个完美的例子，说明了为什么要编写很多的测试用例。第 5 章"使用 Spring Boot 进行测试"将更详细地探讨这一点。这些规则的复杂性说明了为什么测试成功和失败路径至关重要，因为它可以确保规则有效。

ℹ 注意：角色（role）与权限（authority）

Spring Security 有一个称为权限的基本概念。从本质上讲，权限是访问某些内容的定义权限。但是，使用 ROLE_ADMIN、ROLE_USER、ROLE_DBA 等以 ROLE_为前缀对此类权限进行分类的概念非常普遍，因此 Spring Security 有一整套 API 来支持角色检查（role check）。在这种情况下，具有 ROLE_ADMIN 权限或仅具有 ADMIN 角色的用户将能够 GET 任何管理页面。

4.4.3　创建自定义安全策略

现在让我们使用已学知识来看看是否可以为我们的视频列表网站制定一个合适的安全保护策略。首先，让我们写下一些需求：

❑　每个人都必须登录才能访问任何内容。

❑　最初的视频列表应该只对经过身份验证的用户可见。

❑　任何搜索功能都应该对经过身份验证的用户可用。

❑　只有管理员用户可以添加新视频。

❑　任何形式的访问都将被禁用。

❑　这些规则应该适用于 HTML 网页和命令行交互。

使用这些需求，我们应该能够定义一个 SecurityChainFilter bean：

```
@Bean
SecurityFilterChain configureSecurity(HttpSecurity http)
    throws Exception {
        http.authorizeHttpRequests() //
            .requestMatchers("/login").permitAll() //
            .requestMatchers("/", "/search").authenticated() //
            .requestMatchers(HttpMethod.GET, "/api/**")
            .authenticated() //
            .requestMatchers(HttpMethod.POST, "/new-video",
                             "/api/**").hasRole("ADMIN") //
            .anyRequest().denyAll() //
            .and() //
            .formLogin() //
            .and() //
            .httpBasic();
    return http.build();
}
```

上述安全策略可以解释如下：

❑　@Bean 将这个 bean 定义表示为获取一个 HttpSecurity bean 并生成一个 SecurityChainFilter bean。这是定义 Spring Security 策略的标志。

❑　使用 authorizeHttpRequests，我们可以看到一系列的规则。第一条规则授予每个人访问/login 页面的权限，无论他们是否登录。

❑　第二条规则向任何经过身份验证的人授予对基本 URL /以及搜索结果的访问权限。虽然我们可以有一个特定的角色，但没有必要限制基本页面。

❑ 第三条规则将对任何/api URL 的 GET 访问限制为经过身份验证的用户。这允许对
站点进行命令行访问，API 等同于允许任何经过身份验证的用户访问基本网页。

❑ 第四条规则限制对/new-video 和/api/new-video 的 POST 访问，仅对具有 ADMIN
角色的经过身份验证的用户开放该权限。

❑ 第五条规则是一个兜底条款，任何不符合前面任何规则的用户都将被拒绝访问，
无论身份验证或授权如何。

❑ 最后启用了表单和基本身份验证。

最后，我们还必须解决一个挥之不去的问题：跨站请求伪造（cross-site request forgery，
CSRF）。让我们来看看该选择哪一种。

4.4.4　关于跨站请求伪造的问题

跨站请求伪造（CSRF）是 Spring Security 默认防范的特定攻击方式（Spring Security
防范许多攻击方法，但大多数不需要策略决定）。

CSRF 有一定的技术性，简而言之，就是诱骗已经通过身份验证的用户单击非法链接。
该非法链接要求用户授权请求，实质上是就是授予恶意攻击者内部访问权限。

防止这种情况的最好方法是将一个随机数（nonce）嵌入安全资产中并拒绝缺少它们
的请求。nonce 是在服务器上生成的半随机数，用于标记适当的资源。随机数作为 CSRF
令牌嵌入，并且必须嵌入 HTML 的任何状态更改代码中，通常是表单。

如果你使用与 Spring Boot 紧密集成的模板引擎，如 Thymeleaf，则无须执行任何操
作。Thymeleaf 模板会自动将合适的基于 CSRF 的 HTML 输入添加到页面上呈现的任何
表单中。

Mustache 是一个轻量级的引擎，因此没有集成该功能，但是，开发人员也可以通过
在 application.properties 中应用以下代码来使 Spring Security 的 CSRF 令牌可用：

```
spring.mustache.servlet.expose-request-attributes=true
```

通过上述设置，新属性_csrf 可用于模板引擎。这使我们可以按如下方式更新搜索表单：

```
<form action="/search" method="post">
    <label for="value">Search:</label>
    <input type="text" name="value">
    <input type="hidden" name="{{_csrf.parameterName}}"
        value="{{_csrf.token}}">
    <button type="submit">Search</button>
</form>
```

可以看到，上述版本的搜索表单包含一个额外的隐藏输入。_csrf 令牌将自动公开用于模板显示。

只有在我们自己的服务器上呈现的有效 HTML 模板才会嵌入正确的_csrf 值。经过身份验证的用户被诱骗访问的恶意网页将没有这些值。由于_csrf 值随请求而变化，因此其他站点无法缓存或预测这些值。

index.mustache 中允许我们创建新视频的其他表单也需要进行这样的修改：

```
<form action="/new-video" method="post">
    <input type="text" name="name">
    <input type="text" name="description">
    <input type="hidden" name="{{_csrf.parameterName}}"
        value="{{_csrf.token}}">
    <button type="submit">Submit</button>
</form>
```

上述代码显示了一个能够增强安全性的轻量级更改。事实上，这正是 Spring Security 的默认策略。

但是，在 4.4.3 节"创建自定义安全策略"的末尾，我们提到了跨站请求伪造是一个需要做出选择的问题，这是因为 Spring Security 的 CSRF 过滤器要么为我们的模板和基于 JSON 的 API 控制器启动，要么为这两种情况禁用它。

需要明确的是，当我们登录一个网页时，CSRF 保护是非常有意义的，但是在无状态场景中进行 API 调用时并不需要 CSRF 保护。

我们的应用程序同时服务于这两种情况，因此适当的架构需要将此应用程序分解为两个不同的应用程序。Web 可以继续应用适当的 CSRF 保护，如上述代码所示。

另一个应用程序可以通过对 SecurityFilterChain 进行以下调整以禁用 CSRF 保护：

```
@Bean
SecurityFilterChain configureSecurity(HttpSecurity http)
    throws Exception {
        http.authorizeHttpRequests() //
            .mvcMatchers("/login").permitAll() //
            .mvcMatchers("/", "/search").authenticated() //
            .mvcMatchers(HttpMethod.GET, "/api/**")
                .authenticated() //
                .mvcMatchers(HttpMethod.POST, "/new-video",
                    "/api/**").hasRole("ADMIN") //
                .anyRequest().denyAll() //
                .and() //
                .formLogin() //
```

```
                    .and() //
                    .httpBasic() //
                    .and() //
                    .csrf().disable();
    return http.build();
}
```

上述 SecurityConfig 几乎与我们在 4.4.3 节"创建自定义安全策略"末尾创建的安全策略相同。唯一的变化是在倒数第二行，我们添加了.and() .csrf().disable()。这个小指令可以告诉 Spring Security 完全关闭 CSRF 保护。

作为一种更省事的方法，我们可以考虑删除 ApiController，它是从前面的章节中带来的，并存在于不同的应用程序中。在删除 ApiController 之后，即无须禁用 CSRF 保护。相反，还可以滚动对 index.mustache 所做的更改，如上述两个代码片段所示。

做完这一切，我们就有了很多方法来应用基于路径的安全性。但这些并不是保护我们的应用程序的唯一方法，也不一定是某些情况下的最佳方法。

到目前为止，我们已经提供了用户数据源并为用户创建了一些初始访问规则。在接下来的章节中，我们将通过应用更具战略性的安全检查来解决这一问题。

例如，接下来，我们将探讨基于方法的安全实践。

4.5　Spring Data 的安全保护方法

到目前为止,我们已经了解了根据请求的 URL 应用各种安全策略的方法。但是 Spring Security 还带有方法级安全性功能。

这些技术可以简单地被应用到控制器方法、服务方法乃至任何 Spring bean 方法调用中，这似乎是将一种解决方案换成另一种解决方案。

简而言之，方法级安全专门提供更细粒度的锁定保护能力。

💡 提示：

本节代码网址如下：

https://github.com/PacktPublishing/Learning-Spring-Boot-3.0/tree/main/ch4-method-security

4.5.1　更新模型

在深入研究之前，我们需要更新本章前面使用的域模型。提醒一下，我们在前面的章节中创建了一个 VideoEntity 类，它包含 id、name 和 description 字段。

　　为了真正利用方法级安全性，我们应该使用一个额外的（也是常见的）约定来扩充这个实体定义，即添加一个 username 字段来表示数据的所有权：

```
@Entity
class VideoEntity {

    private @Id @GeneratedValue Long id;
    private String username;
    private String name;
    private String description;

    protected VideoEntity() {
        this(null, null, null);
    }

    VideoEntity(String username, String name, String
        description) {
            this.id = null;
            this.username = username;
            this.description = description;
            this.name = name;
        }

    // getters and setters
}
```

　　这个更新的 VideoEntity 类与本章前面的内容几乎相同，只是多了一个 username 字段。（为简洁起见，样板 getter 和 setter 被排除在外）。

　　如果要涉足所有权，则更新我们的用户集是有意义的。在前面的章节中，我们只有 user 和 admin，现在让我们将用户扩展到 alice 和 bob：

```
@Bean
CommandLineRunner initUsers(UserManagementRepository repository) {
        return args -> {
                repository.save(new UserAccount("alice", "password",
                    "ROLE_USER"));
                repository.save(new UserAccount("bob", "password",
                    "ROLE_USER"));
                repository.save(new UserAccount("admin", "password",
                    "ROLE_ADMIN"));
        };
}
```

还记得本章开头的 initUsers 代码吗？现在我们将把它替换为这一组的 3 个用户：alice、bob 和 admin。为什么要这样做？因为这样我们就可以继续创建一个安全协议，其中 alice 只能删除她上传的视频，而 bob 只能删除他上传的视频。

💡 提示：Alice 和 Bob 是何许人也？

安全场景通常用 Alice 和 Bob 来举例，这是自 1978 年 RSA 算法发明人 Rivest、Shamir 和 Adleman 的论文 *A Method for Obtaining Digital Signatures and Public-key Cryptosystems*（《获取数字签名和公钥密码系统的方法》）发表以来使用的一种惯例。有关详细信息，可访问以下网址：

https://en.wikipedia.org/wiki/Alice_and_Bob

4.5.2　取得数据的所有权

如果我们要将所有权分配给 VideoEntity 对象，那么在创建新条目时分配它是有意义的。因此，我们应该重新修改处理 POST 请求以创建新条目的 HomeController 方法：

```
@PostMapping("/new-video")
public String newVideo(@ModelAttribute NewVideo newVideo,
    Authentication authentication) {
        videoService.create(newVideo,authentication.getName());
        return "redirect:/";
}
```

在 HomeController 中的这个 newVideo 方法就像前面章节的方法一样，区别在于它有一个额外的参数：authentication。

当 Spring Security 在类路径上时，这是 Spring MVC 提供的一个参数。它将自动提取存储在 servlet 上下文中的身份验证详细信息并填充 Authentication 实例。

在这种情况下，我们提取的是它的 name，这是在 Authentication 接口的父接口 java.security.Principal 中找到的一个字段，一个标准类型。根据 Principal 的 Java 文档中的说明，这就是 Principal 的名称。

当然，这需要我们按以下方式更新 VideoService.create：

```
public VideoEntity create(NewVideo newVideo, String username) {
    return repository.saveAndFlush(new VideoEntity
        (username, newVideo.name(), newVideo.description()));
}
```

上面更新的 create 版本有两个关键变化：

❑　有一个额外的参数：username。

❑　username 被传递给我们刚刚更新的 VideoEntity 构造函数。

这些更改将使每个新输入的视频自动与当前登录的用户相关联。

4.5.3　添加删除按钮

我们讨论过提供删除视频的功能，但只有视频的所有者才能使用该功能。让我们逐步解决这个问题,首先在 index.mustache 中显示每个视频以及相应的删除按钮,如下所示：

```
{{#videos}}
    <li>
        {{name}}
        <form action="/delete/videos/{{id}}" method="post">
            <input type="hidden"
                name="{{_csrf.parameterName}}"
                value="{{_csrf.token}}">
            <button type="submit">Delete</button>
        </form>
    </li>
{{/videos}}
```

上述 index.mustache 片段可以解释如下：

❑　{{#videos}}标签告诉 Mustache 遍历 videos 的数组。

❑　它将为数据库中找到的每个实例显示一个 HTML 行。

❑　{{name}}将显示 name 字段。

❑　<form> 条目将创建一个带有{{id}}字段的 HTML 表单,用于建立一个链接以指向/delete/videos/{{id}}。

正如我们在本章前面所讨论的,理解这个表单有一个隐藏的_csrf 输入很重要。由于这是 HTML 而不是 REST,因此可以使用 POST 而不是 DELETE 作为 HTTP 谓词。

现在需要向 HomeController 中添加一个方法来响应 POST /delete/videos/{{id}}调用,示例如下：

```
@PostMapping("/delete/videos/{videoId}")
public String deleteVideo(@PathVariable Long videoId) {
    videoService.delete(videoId);
    return "redirect:/";
}
```

上述方法可以解释如下：

❑ @PostMapping 表示此方法将响应 URL /delete/videos/{videoId}上的 POST。

❑ @PathVariable 将根据名称匹配提取 videoId 参数。

❑ 使用 videoId 字段，将它传递给 VideoService。

❑ 如果操作无法执行，则该方法将返回"redirect:/"，这是一个发出 HTTP 302 Found 状态码的 Spring MVC 指令，它其实是一个软重定向，将用户弹回 GET /。

接下来，我们需要在 VideoService 中创建 delete()方法，如下所示：

```
public void delete(Long videoId) {
    repository.findById(videoId) //
        .map(videoEntity -> {
            repository.delete(videoEntity);
            return true;
        }) //
        .orElseThrow(() -> new RuntimeException("No video at "
                                                   + videoId));
}
```

上述方法可以解释如下：

❑ videoId 是要删除视频的主键。

❑ 首先使用存储库的 findById 方法来查找实体。

❑ Spring Data JPA 返回 Optional，我们可以对其进行映射以获取 VideoEntity 对象。

❑ 使用 VideoEntity 对象，我们可以执行 delete(entity)方法。因为 delete()的返回类型为 void，所以必须返回 true 以符合 Optional.map 对返回值的要求。

❑ 如果 Optional 结果为空，则抛出 RuntimeException。

4.5.4　锁定访问

我们很快就要完成目标了。到目前为止，我们已经编写了将视频的 id 字段转换为 delete 操作的代码，但是还需要限制对这些 Spring Data 方法的访问，因为我们的规则是只有视频的所有者才能删除视频。

虽然 Spring Data JPA 的 JpaRepository 接口有一些删除操作，但是我们如果希望应用安全控制，则必须在 VideoRepository 中扩展这个定义，如下所示：

```
@PreAuthorize("#entity.username == authentication.name")
@Override
void delete(VideoEntity entity);
```

上述对 Spring Data JPA 内置的 delete(VideoEntity)方法的修改可以解释如下：

❑ @Override：此注解将确保我们不会更改方法的名称或方法签名的任何方面。

❑ @PreAuthorize：这是 Spring Security 的基于方法的注解，允许我们编写自定义
的安全检查代码。

❑ #entity.username：这将取消引用第一个参数中的实体参数，然后使用 Java bean
属性查找 username 参数。

❑ authentication.name：这是一个 Spring Security 参数，用于访问当前安全上下文的
身份验证对象并查找主体的名称。

通过将 VideoEntity 的 username 字段与当前用户的 name 进行比较，我们可以将此方
法限制为仅在用户尝试删除他们自己的视频之一时才起作用。

4.5.5　启用方法级安全性

如果我们不启用方法级安全性，那么上述这一切设置都将不起作用。因此，我们还
必须回到之前创建的 SecurityConfig 类并添加以下注解：

```
@Configuration
@EnableMethodSecurity
public class SecurityConfig {
    // prior security configuration details
}
```

上述代码中，@EnableMethodSecurity 是 Spring Security 激活方法级安全性的注解。

ⓘ 注意：

也许你听说过@EnableGlobalMethodSecurity。请注意，它已经被逐步淘汰，并被
@EnableMethodSecurity（就是我们在上述代码中使用的那个）所取代。

对于初学者来说，较新的@EnableMethodSecurity 默认激活了 Spring Security 更强大
的@PreAuthorize 注解（及其一堆小伙伴），同时禁用了过时的@Secured 注解以及受限
的 JSR-250（@RolesAllowed）注解。

除此之外，@EnableMethodSecurity 还利用了 Spring Security 简化的 AuthorizationManager
API，而不是更复杂的元数据源、配置属性、决策管理器和投票者。

至此，我们的设置已经基本完成。

4.5.6　在站点上显示用户详细信息

现在让我们来看看如何显示用户的安全详细信息以及注销按钮。

首先必须按以下方式更新 HomeController：

```
@GetMapping
public String index(Model model,
    Authentication authentication) {
        model.addAttribute("videos", videoService.getVideos());
        model.addAttribute("authentication", authentication);
        return "index";
    }
```

上述控制器方法与之前创建的相同，但在 Authentication 方面有一些变化。与本节前面创建的 delete()控制器方法一样，我们也通过将详细信息存储在额外的模型属性中来利用这个已提供的值。

这种机制允许我们向模板提供当前用户的身份验证详细信息。我们将通过更新 index.mustache 来利用它，如下所示：

```
<h3>User Profile</h3>
<ul>
    <li>Username: {{authentication.name}}</li>
    <li>Authorities: {{authentication.authorities}}</li>
</ul>

<form action="/logout" method="post">
    <input type="hidden" name="{{_csrf.parameterName}}"
        value="{{_csrf.token}}">
    <button type="submit">Logout</button>
</form>
```

上述 HTML 片段可以解释如下：

❑　用户名使用{{authentication.name}}显示。

❑　权限使用{{authentication.authorities}}显示。

❑　HTML 表单中提供了一个 Logout（注销）按钮。使用 Spring Security 注销的操作是针对/logout 进行 POST。重要的是要知道，如果 CSRF 没有被禁用的话，那么即使是注销也需要提供_csrf 令牌。

ℹ️注意：

如果你搞不清楚的话，那么 index.muscle 中的每个 HTML 表单（以及你决定添加的任何其他模板）都必须具有_csrf 标记作为隐藏输入。Spring Boot 与 Mustache 模板引擎的集成程度与 Thymelaaf 不同。如果你使用的是 Thymeeaf，那么虽然它的学习曲线更陡峭，但是它会自动添加这些隐藏的输入，让你不必记住它们。

在本章的前面，我们在 VideoService 中预加载了一些 VideoEntity 数据。现在让我们基于 alice 和 bob 用户更新它，示例如下：

```
@PostConstruct
void initDatabase() {
    repository.save(new VideoEntity("alice", "Need HELP with
        your SPRING BOOT 3 App?",
        "SPRING BOOT 3 will only speed things up and make it
            super SIMPLE to serve templates and raw data."));
    repository.save(new VideoEntity("alice", "Don't do THIS
        to your own CODE!",
        "As a pro developer, never ever EVER do this to your
            code. Because you'll ultimately be doing it to
                YOURSELF!"));
    repository.save(new VideoEntity("bob", "SECRETS to fix
        BROKEN CODE!",
        "Discover ways to not only debug your code, but to
            regain your confidence and get back in the game as a
                software developer."));
}
```

上述代码的解释如下：

❑　@PostConstruct：一个标准的 Jakarta EE 注解，指示此方法在应用程序启动后运行。

❑　repository：VideoRepository 字段，用于加载 alice 的两个视频和 bob 的一个视频。

一切就绪后，我们可以重新启动应用程序并试一试！

现在如果访问 localhost:8080，则会立即跳转到 Spring Security 预先构建的登录页面，如图 4.2 所示。

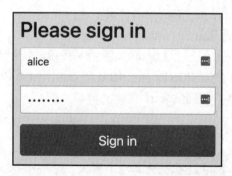

图 4.2　以 alice 身份登录

在以 alice 身份登录之后，会在页面顶部看到用户身份验证详细消息，如图 4.3 所示。

Greetings Learning Spring Boot 3.0 fans!

In this chapter, we are learning how to make a web app using Spring Boot 3.0

User Profile

- Username: alice
- Authorities: [ROLE_USER]

Logout

图 4.3　显示用户身份验证详细信息的索引模板

可以看到，该页面显示了额外的安全详细信息。它具有 Username（用户名）字段以及用户已获分配的 Authorities（权限）。最后，有一个 Logout（注销）按钮。

 注意：

在实际生产环境中切勿在页面上放置用户密码！事实上，最好也不要列出权限信息。图 4.3 仅作为演示之用，说明模板可以获得的信息量。

Mustache 模板由于其无逻辑的特性，在这方面有点受限，而 Thymelaf 则具有 Spring Security 扩展，允许你显示更多信息并执行安全检查。那么为什么不在本书中详细介绍 Thymelaf 呢？因为本书的书名是 *Learning Spring Boot 3.0*，而不是 *Learning Thymelaf*。当然，让你知道你有这些选择才是公平的。

如果我们以 alice 的身份在由 bob 拥有的视频上单击 DELETE（删除）按钮，会发生什么事呢？Alice 将看到如图 4.4 所示的 403 响应。

Access to localhost was denied

You don't have authorization to view this page.

HTTP ERROR 403

图 4.4　当 Spring Security 拒绝访问时，你会收到一个 403 禁止访问的页面

单击浏览器上的"后退"按钮并尝试删除你自己的视频之一，则一切都会正常进行。

ℹ️ **注意:**

有关 Spring Security 的更高层次、更直观的讨论，请查看以下视频:

https://springbootlearning.com/security

使用本节介绍的基于方法的控制,我们能够实现细粒度的访问。我们不仅能够在 URL 级别控制访问,而且还能在对象级别控制访问。但这也是有代价的。

必须有人管理所有这些用户及其角色。如果你必须建立一个安全运营团队来管理用户,请不要感到惊讶,因为用户管理可能非常烦琐。

这就是促使许多团队考虑将用户管理完全外包给替代工具（如 Facebook、Twitter、GitHub、Google 或 Okta）的原因。

接下来,就让我们看看如何使用 Google 作为身份验证工具。

4.6　利用 Google 对用户进行身份验证

你害怕管理用户及其密码所带来的各种麻烦吗? 许多安全团队购买大型产品来应对这一切。有些团队甚至开发出专门的工具,将密码重置直接推送给用户,以减少投诉量。

简而言之,用户管理是一项不可掉以轻心的重大工作,因此许多团队转向 OAuth。OAuth 被描述为"访问授权的开放标准",它提供了一种几乎完全外包用户管理的方法。其网址如下:

https://en.wikipedia.org/wiki/OAuth

随着第三方社交媒体应用程序的出现,OAuth 应运而生。例如,第三方 Twitter 应用程序的用户过去常常将他们的密码直接存储在应用程序中。这不仅在用户想要更改密码时带来不便,而且还是一个重大的安全风险。

OAuth 通过允许应用程序直接访问社交媒体站点来摆脱这种情况。用户通过社交媒体网站登录,该网站将一个特殊令牌返回给应用程序,其中包含定义明确的权限,称为范围（scope）。这使得应用程序能够代表用户进行交互。

现在几乎每个社交媒体服务都支持 OAuth,这不足为奇,因为这样可以让它们轻松与任何社交媒体（如 Twitter、Facebook、GitHub、Google 等）交互,只需让它们的用户在相应的社交媒体登录即可。事实上,一些应用程序支持所有这些站点,从而轻松地将用户引入自己的程序中。

当然,这不是我们唯一的选择。我们也可以建立自己的 OAuth 用户服务。虽然这听起来像是在提出不运行我们自己的用户管理服务的理由之后又回过头来自我否定,但这些不同的选择其实各有利弊。

4.6.1　使用 OAuth 的优点

❑　如果你使用 Facebook 或 Twitter，那么任何 Facebook 或 Twitter 用户都可以访问你的应用程序。鉴于这些平台的流行，这可能是允许你的用户访问的简单方法。

❑　如果你选择 GitHub，那么你的用户群应该主要面向开发人员。虽然说并非每个开发人员都有 GitHub 账户，但是很多人都有。对于朝这个方向倾斜的应用程序来说，这可能是一个有利的地方。

❑　你如果选择 Google，那么将可望获得另一个庞大的用户群。

❑　你如果选择 Okta（这是一个你可以配置和使用的商业系统），那么将拥有 100% 的控制权。你的用户不必存在于任何社交媒体平台上，也不必面向开发人员。你拥有完全的控制权，同时仍然能够外包用户管理的比较麻烦的部分。

4.6.2　使用 OAuth 的缺点

❑　如果某人在你首选的社交媒体网络上并不存在（即不是它们的用户），那么他们要使用你的应用程序时仍必须开设一个账户或直接放弃，这样你还是必须支持管理你自己的用户，而这正是我们试图要摆脱的。

❑　你如果选择 Facebook、Twitter、Google、GitHub 或其他社交媒体网站，那么将被限制在它们的范围内。你不必定义你自己的用户。如果你的目标只是简单地访问和利用用户信息，这可能没问题。但是，如果你希望拥有经理、董事会高管、管理员、数据库管理员（DBA）和其他各种角色，那么这显然不够。

❑　如果你的应用程序没有充分利用 GitHub（如 https://gitter.im），那么使用 GitHub 可能不是正确的选择。

如果你需要完全控制范围，那么 Okta 是你的不二之选。最重要的是，Okta 的开发团队保持了与 Spring Security 的完全集成。

假设我们已经做出了评估和选择，则可以开始配置 Spring Security 来进行挂钩。

我们可以选择前面提到的任何服务来演示这一功能，不过本书的其余部分将使用 Google 作为示例。

4.6.3　创建 Google OAuth 2.0 应用程序

在我们采取任何步骤通过 Google 进行身份验证之前，必须首先使用 Google 创建一个应用程序。需要明确的是，这意味着我们将在他们的仪表板（dashboard）上注册一些详细信息，提取凭据，并将这些凭据插入我们的 Spring Boot 应用程序中，以授予我们的用户访问 Google 数据的权限。

请按以下步骤进行操作。

（1）转到 Google Cloud 的仪表板，其网址如下：

https://console.cloud.google.com/home/dashboard

（2）单击左上角 Select a project（选择项目）旁边的下拉菜单。在弹出窗口中单击 NEW PROJECT（新项目）并接受默认值。

（3）选择你的新项目，使其显示在顶部的下拉列表中。

（4）在 Google Cloud 仪表板的左侧面板上，向下滚动并将鼠标悬停在 APIs and services（API 和服务）上。在弹出菜单上，单击 Enabled APIs and services（已启用 API 和服务）。

（5）在页面底部的列表中，查找 YouTube Data API v3。单击它，然后单击 Enable API（启用 API）。这将授予我们的应用程序访问 YouTube 最新数据 API 的权限。

（6）回到你新创建的应用程序的仪表板，查看左侧面板，然后选择 Credentials（凭据）。

（7）单击+CREATE CREDENTIALS（创建凭据）。在弹出菜单中，选择 OAuth Client（OAuth 客户端）。

（8）对于应用程序类型，选择 Web Application（Web 应用程序）。

（9）在 Name（名称）条目中，为应用程序命名。

（10）在 Authorized redirect URIs（授权重定向 URI）中，输入：

http://localhost:8080/login/oauth2/code/google

（11）创建这些凭据后，请记住右上角显示的 Client ID（客户端 ID）和 Client secret（客户端密码）。稍后需要将它们插入我们的 Spring Boot 应用程序中。

（12）返回之前左侧栏的 APIs and services（API 和服务）页面，其网址如下：

https://console.cloud.google.com/apis/dashboard

单击 OAuth consent screen（OAuth 同意屏幕）。

（13）在测试用户下，为你稍后在构建 Spring Boot 应用程序时希望登录的每个电子邮件地址创建一个条目。

这些步骤可能看起来很枯燥乏味，但任何平台（包括 Google 或其他平台）上的所有现代 OAuth 应用程序都需要以下东西：

❑　应用程序定义。

❑　已验证的平台 API。

❑　支持的用户。

❑　回调到我们自己的应用程序。

这实际上只是研究控制台并找到插入设置的位置的问题。

🛈 注意：

在目前这个阶段，我们的谷歌应用程序被认为处于测试模式。这意味着我们是唯一可以访问它的人。我们将能够在机器上本地运行代码并将清除它。除非发布上线，否则其他人无法访问任何内容。

4.6.4　将 OAuth 客户端添加到 Spring Boot 项目中

在本章前面，我们使用了第 3 章"使用 Spring Boot 查询数据"的代码，并添加了 Spring Security。

本节我们实际上需要重新开始。

💡 提示：

本节代码网址如下：

https://github.com/PacktPublishing/Learning-Spring-Boot-3.0/tree/main/ch4-oauth

请按以下步骤进行操作。

（1）访问 Spring Initializr。网址如下：

https://start.spring.io

（2）选择或输入以下详细信息：

❑　Project（项目）：Maven Project

❑　Language（语言）：Java

❑　Spring Boot：3.0.0

❑　Group（组）：com.springbootlearning.learningspringboot3

❑　Artifact（工件）：ch4-oauth

❑　Name（名称）：Chapter 4 (OAuth)

❑　Description（描述）：Securing an Application with Spring Boot and OAuth 2.0

❑　Package name（包名称）：com.springbootlearning.learningspringboot3

❑　Packaging（打包）：Jar

❑　Java：17

（3）单击 ADD DEPENDENCIES（添加依赖项），然后选择以下项：

❑　OAuth 2 Client

❑　Spring Web

❑　Spring Reactive Web

❑　Mustache

（4）单击屏幕底部的 GENERATE（生成）按钮。

（5）将代码导入你喜欢的 IDE 中。

首先要搞清楚，我们要用 Spring Web 和 Spring Reactive Web 做些什么。Spring Web 是使用 Spring MVC 构建基于 servlet 的 Web 应用程序所需的。我们将要使用的另一个功能是 Google 的 Oauth API，它利用了 Spring 的下一代 HTTP 客户端 WebClient，并位于 Spring Reactive WebFlux 中。

当 Spring Boot 在类路径上同时看到 Spring Web 和 Spring Reactive Web 时，它将默认使用标准的嵌入式 Apache Tomcat 并运行标准的 servlet 容器。

有了这一切，即可开始构建 OAuth Web 应用程序。

Spring Initializr 将创建一个 application.properties 文件作为生成项目的一部分。由于必须访问的一些属性的重复性，我们将切换到基于 YAML 的变体，因此在这里可以将该文件重命名为 application.yaml。

在该文件中，添加以下条目：

```
spring:
    security:
        oauth2:
            client:
                registration:
                    google:
                        clientId: **your Google Client ID**
                        clientSecret: **your Google Client secret**

                        scope: openid,profile,email,
                               https://www.googleapis.com/auth/youtube
```

在上述代码中可以看到，application.yaml 允许我们以分层方式输入属性。当我们必须在同一子级别输入多个属性时，这是最有用的。

在上述示例中，可以看到在 spring.security.oauth2.client.registration.google 级别上有 3
个条目。

ℹ️ 警告：

OAuth2 由于其难以置信的灵活性，提供了许多设置。这是必要的，因为用户流首先
是来到我们的应用程序，被转发到另一个平台进行身份验证，然后又流回我们的应用程
序中。

为了简化设置，Spring Security 为 Google、GitHub、Facebook 和 Okta 添加了
CommonOAuth2Provider 和预先写好的设置。我们只需要插入 clientId 和 clientSecret 即可。
从技术上讲，这足以通过谷歌进行身份验证。但是，我们由于计划利用 YouTube Data API，
因此添加了一个范围设置，稍后将对此进行讨论。

我们正在构建的与 Google 对话的 Web 程序可以被描述为 OAuth2 授权的客户端。这
在 Spring Security OAuth2 中使用 OAuth2AuthorizedClient 表示。为了促进我们的应用程
序和 Google 之间的流程，Spring Boot 自动配置了两个类：ClientRegistrationRepository 和
OAuth2AuthorizedClientRepository。

这两个类将负责解析前面的 application.yaml 文件中的 clientId 和 clientSecret 属性。
我们需要这些存储库的另一个原因是：OAuth2 支持与多个 OAuth2 提供商合作。

你肯定见过某些支持让你使用多个选项登录的网站，包括 Facebook、Twitter、Google，
甚至可能还有 Apple。

因此，我们需要一些功能来代理所有这些请求。为此，我们需要创建一个 SecurityConfig
类并添加以下 bean 定义：

```
@Configuration
public class SecurityConfig {

    @Bean
    public OAuth2AuthorizedClientManager clientManager(
        ClientRegistrationRepository clientRegRepo,
            OAuth2AuthorizedClientRepository authClientRepo) {

        OAuth2AuthorizedClientProvider clientProvider =
            OAuth2AuthorizedClientProviderBuilder.builder()
                .authorizationCode()
                .refreshToken()
                .clientCredentials()
                .password()
                .build();
```

```
        DefaultOAuth2AuthorizedClientManager clientManager =
            new DefaultOAuth2AuthorizedClientManager(
                clientRegRepo, authClientRepo);
        clientManager
            .setAuthorizedClientProvider(clientProvider);

        return clientManager;
    }
}
```

上述 clientManager() bean 定义将请求前面提到的两个自动配置的 Oauth2 beans，并将它们混合到 DefaultOAuth2AuthorizedClientManager 中。该 bean 将完成从 application.yaml 中提取必要属性并在传入 servlet 请求的上下文中使用它们的工作。

💡 **提示：**

OAuth2 的流程似乎有点麻烦，因此你也许需要访问有关 OAuth 2.0 规范的官方网站，其网址如下：

https://oauth.net/2/

需要说明的是，这只是一个样板，但是一旦完成，我们就会为我们的 Spring Boot 应用程序提供宝贵的资源。

信不信由你，我们即将利用 Google 作为我们选择的 OAuth 2 平台。当 Spring Security OAuth2 被放在类路径中时，Spring Boot 具有自动锁定我们的应用程序的自动配置策略。但这一次不是为固定用户名创建随机密码，而是将前面提到的 OAuth 2 bean 与 OAuth2AuthorizationClientManager 结合使用。

接下来，我们将实际调用 Google 的 YouTube Data API。

4.6.5　远程调用 OAuth2 API

要将 OAuth 2 支持挂接到 WebClient 等 HTTP 远程服务调用程序，首先需要创建一个名为 YouTubeConfig 的类并添加以下 bean 定义：

```
@Configuration
public class YouTubeConfig {

    static String YOUTUBE_V3_API = //
        "https://www.googleapis.com/youtube/v3";
```

```
@Bean
WebClient webClient(OAuth2AuthorizedClientManager
                    clientManager) {

    ServletOAuth2AuthorizedClientExchangeFilterFunction
        oauth2 = //
            new
                ServletOAuth2AuthorizedClientExchangeFilterFunction(
                    clientManager);
        oauth2.setDefaultClientRegistrationId("google");

        return WebClient.builder() //
            .baseUrl(YOUTUBE_V3_API) //
            .apply(oauth2.oauth2Configuration()) //
            .build();
    }
}
```

上述 bean 定义创建了一个新的 WebClient，即 Spring 更新的 HTTP 远程服务调用程序。早期的 RestTemplate 不再被广泛使用，因为 WebClient 提供了许多新的和改进的方式来与远程 HTTP 服务进行交互。最大的改进之一是其流畅的 API 以及对反应式服务的完全实现支持。虽然本章没有使用它们，但本书后面将会涉及。

在上述代码中，这个 WebClient 不仅指向 Google 的 YouTube v3 API，而且还使用我们之前创建的 OAuth2AuthorizedClientManager 注册了一个交换过滤函数（exchange filter function），以此作为赋予它 OAuth2 权限的一种方式。

🛈 注意：

交换过滤函数是一个在 servlet 和 SpringMVC 中没有的概念，但是在 SpringWebFlux 的反应式范例中。它与经典的 servlet 过滤非常相似，因为通过 WebClient 的每个请求都将调用此函数。这将确保当前用户登录 Google 并获得正确的授权。

尽管有一个基于 servlet 的应用程序，但我们可能希望使用 Spring WebFlux 的 WebClient 的另一个原因是利用 Spring Framework 的最新添加之一：HTTP 客户端代理（HTTP client proxy）。

HTTP 客户端代理的理念是在接口定义中捕获与远程服务交互所需的所有细节，并让 Spring Framework 在后台编组请求和响应。

我们可以通过创建一个名为 YouTube 的接口来捕获这样的交换，如下所示：

```
interface YouTube {

    @GetExchange("/search?part=snippet&type=video")
    SearchListResponse channelVideos( //
        @RequestParam String channelId, //
        @RequestParam int maxResults, //
        @RequestParam Sort order);

    enum Sort {
        DATE("date"), //
        VIEW_COUNT("viewCount"), //
        TITLE("title"), //
        RATING("rating");

        private final String type;

        Sort(String type) {
            this.type = type;
        }
    }
}
```

上面的接口只有一个方法：channelVideos。实际上，此方法的名称并不重要，因为重要的是@GetExchange 方法。在第 2 章"使用 Spring Boot 创建 Web 应用程序"中，我们已经讨论了如何使用@GetMapping 将 HTTP GET 操作与 Spring MVC 控制器方法链接起来。

对于 HTTP 远程处理，对应的注解是@GetExchange。这告诉 Spring Framework 使用 HTTP GET 调用远程调用/search?part=snippet&type=video。

@GetExchange 调用中的路径将被附加到之前配置的基本 URL 中，该 URL 如下：

https://www.googleapis.com/youtube/v3

两者将组成一个完整的 URL 来访问该 API。

除了指定 HTTP 谓词和 URL，该方法还有 3 个输入：channelId、maxResults 和 order。@RequestParam 注解表示这些参数要以如下所示的形式作为查询参数被添加到 URL 中：

```
?channelId=<value>&maxResults=<value>&order=<value>
```

其中，order 参数被使用 Java 枚举 Sort 限制为 API 认为可接受的值。

查询参数的名称是从方法的参数名称中提取的。虽然可以使用@RequestParam 注解覆盖它们，但我发现简单地设置每个参数的名称以匹配 API 会更容易。

对于这个特定的 API，没有 HTTP 请求主体，整个请求被包含在 URL 中。这可以在以下 API 文档中看到：

https://developers.google.com/youtube/v3/docs/search/list

但是，如果你确实需要将一些数据发送到不同的 API，则可能需要一个 HTTP POST，然后可以使用@PostExchange。

你可以将数据作为另一个方法参数提供并应用@RequestBody，以便 Spring Framework 知道要求 Jackson 将提供的数据序列化为 JSON。

来自此 API 的响应是一个 JSON 文档，将在 Search（搜索）功能的 Response（响应）部分中详细显示，如下所示：

```
{
    "kind": "youtube#searchListResponse",
    "etag": etag,
    "nextPageToken": string,
    "prevPageToken": string,
    "regionCode": string,
    "pageInfo": {
        "totalResults": integer,
        "resultsPerPage": integer
    },
    "items": [
        search Resource
    ]
}
```

Java 17 记录在捕获上述 API 响应时非常出色。我们需要一些主要面向数据的 Java 对象，而且很快就需要它们。因此，可创建一个名为 SearchListResponse 的记录，如下所示：

```
record SearchListResponse(String kind, String etag, String
    nextPageToken, String prevPageToken, PageInfo pageInfo,
        SearchResult[] items) {
}
```

我们可以包含想要的所有字段，并忽略不关心的字段。在上述代码中，大部分字段都是普通的旧 Java 字符串，但最后两个字段（PageInfo 和 SearchResult）不是。

因此，可以再创建一些 Java 记录，将每个记录放在自己的文件中：

```
record PageInfo(Integer totalResults, Integer resultsPerPage) {
}
record SearchResult(String kind, String etag, SearchId id,
```

```
        SearchSnippet snippet) {
}
```

创建上述类型的过程非常简单，只要遍历 Google 的 YouTube API 文档中的每个嵌套类型，并捕获上述字段即可。它们会将其描述为字符串、整数、嵌套类型或指向其他类型的链接。对于每个有自己的节（section）的子类型，则创建另一个记录。

💡 提示：

记录类型的名称无关紧要。关键的部分是确保字段的名称与传回的 JSON 结构中的名称相匹配。

根据我们目前在记录中捕获的内容，需要创建 SearchId 和 SearchSnippet，同样，每个记录都在其自己的文件中：

```
record SearchId(String kind, String videoId, String
    channelId, String playlistId) {
}
record SearchSnippet(String publishedAt, String channelId,
    String title, String description,
        Map<String, SearchThumbnail> thumbnails, String
            channelTitle) {
}
```

这些记录类型几乎都是完整的，因为它们几乎都是内置的 Java 类型。唯一缺失的是 SearchThumbnail。你如果阅读 YouTube 的 API 参考文档，则可以很轻松地用以下记录定义来完善它：

```
record SearchThumbnail(String url, Integer width, Integer height) {
}
```

可以看到，上述记录类型只是一个字符串和两个整数。

至此，我们已经投入了大量时间来配置 OAuth 2 和远程 HTTP 服务以与 YouTube 通信，还剩下的一个步骤就是构建应用程序的 Web 层，这也是接下来要讨论的内容。

4.6.6　创建一个 OAuth2 支持的 Web 应用程序

现在可以创建一个 Web 控制器来进行显示：

```
@Controller
public class HomeController {

```

```
    private final YouTube youTube;

    public HomeController(YouTube youTube) {
        this.youTube = youTube;
    }

    @GetMapping
    String index(Model model) {
        model.addAttribute("channelVideos", //
            youTube.channelVideos("UCjukbYOd6pjrMpNMFAOKYyw",
                10, YouTube.Sort.VIEW_COUNT));
        return "index";
    }
}
```

对上述 Web 控制器的解释如下：

❑ @Controller 表示这是一个基于模板的 Web 控制器。每个 Web 方法都将返回要显示的模板的名称。

❑ 我们通过构造函数注入（constructor injection）来注入 YouTube 服务，这是在第 2 章 "使用 Spring Boot 创建 Web 应用程序" 中提到过的概念。

❑ index 方法有一个 Spring MVC 模型对象，我们在其中创建一个 channelVideos 属性。它使用频道 ID、页面大小 10 调用我们的 YouTube 服务的 channelVideos 方法，并使用观看次数作为对搜索结果进行排序的方式。

❑ 要显示的模板的名称是 index。

由于使用了 Mustache 作为模板引擎，因此该模板的名称扩展如下：

src/main/resources/templates/index.mustache

要定义它，可以编写一些非常简单的 HTML 5，如下所示：

```html
<!doctype html>
<html lang="en">
<head>
    <link href="style.css" rel="stylesheet"
    type="text/css"/>
</head>
<body>
<h1>Greetings Learning Spring Boot 3.0 fans!</h1>

<p>
    In this section, we are learning how to make
```

```
    a web app using Spring Boot 3.0 + OAuth 2.0
</p>

<h2>Your Videos</h2>
<table>
    <thead>
    <tr>
        <td>Id</td>
        <td>Published</td>
        <td>Thumbnail</td>
        <td>Title</td>
        <td>Description</td>
    </tr>
    </thead>
    <tbody>
    {{#channelVideos.items}}
        <tr>
            <td>{{id.videoId}}</td>
            <td>{{snippet.publishedAt}}</td>
            <td>
                <a href="https://www.youtube.com/watch?v=
                {{id.videoId}}" target="_blank">
                <img src="{{snippet.thumbnail.url}}"
                alt="thumbnail"/>
                </a>
            </td>
            <td>{{snippet.title}}</td>
            <td>{{snippet.shortDescription}}</td>
        </tr>
    {{/channelVideos.items}}
    </tbody>
</table>
</body>
```

上述 HTML 5 代码比较简单，所以我们不会讨论它，但是对 Mustache 模板引擎的一些关键点解释如下：

❑ Mustache 指令包含在双花括号中，无论是迭代数组（{{#channelVideos.items}}）还是单个字段（{{id.videoId}}）均如此。

❑ 以井号（#）开头的 Mustache 指令是迭代的信号，可以为每个条目生成 HTML 副本。因为 SearchListResponse 项目字段是 SearchResult 条目的数组，所以该标记内的 HTML 会为每个条目重复。

❑ SearchSnippet 中的缩略图字段实际上对每个视频都有多个条目。由于 Mustache
是一个无逻辑引擎，因此还需要使用一些额外的方法来扩充该记录的定义，以
支持我们的模板需求。

现在可以添加一种方法来选择正确的缩略图并将描述字段缩减到少于一百个字符，
这可以通过更新 SearchSnippet 记录来实现，如下所示：

```
record SearchSnippet(String publishedAt, String channelId,
    String title, String description,
        Map<String, SearchThumbnail> thumbnails, String
            channelTitle) {

    String shortDescription() {
        if (this.description.length() <= 100) {
            return this.description;
        }
        return this.description.substring(0, 100);
    }

    SearchThumbnail thumbnail() {
        return this.thumbnails.entrySet().stream()
            .filter(entry -> entry.getKey().equals("default"))
            .findFirst()
            .map(Map.Entry::getValue)
            .orElse(null);
    }
}
```

从上面的代码可以看到会发生以下情况：

❑ shortDescription 方法将直接返回 description 字段或 100 个字符的子字符串。

❑ thumbnail 方法将遍历缩略图条目，找到一个名为 default 的条目并返回它。

最后让我们应用 CSS 样式，使表格变得更加漂亮。

创建 src/main/resources/static/style.css：

```
table {
    table-layout: fixed;
    width: 100%;
    border-collapse: collapse;
    border: 3px solid #039E44;
}
```

```
thead th:nth-child(1) {
    width: 30%;
}

thead th:nth-child(2) {
    width: 20%;
}

thead th:nth-child(3) {
    width: 15%;
}

thead th:nth-child(4) {
    width: 35%;
}

th, td {
    padding: 20px;
}
```

根据上述代码，Spring MVC 将自动提供在 src/main/resources/static 中找到的静态资源。

一切就绪后，现在可以启动应用程序，访问 localhost:8080，然后我们应该会自动转到 Google 的登录页面，如图 4.5 所示。

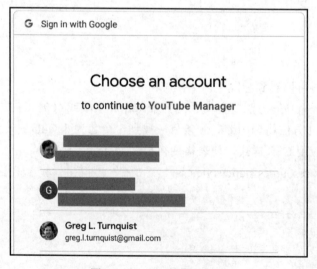

图 4.5　Google 的登录页面

此登录页面将显示你使用过的所有 Google 账户（我有好几个）。重要的是选择一个你之前在 Google Cloud 仪表板上使用该应用程序注册的账户，否则程序不会正常工作。

现在，我们如果接受了 CommonOAuth2Provider 的标准 Google 范围列表，那么将向 Google 询问的只是用户账户详细信息，如电子邮件地址。然后我们将被重定向回我们自己的 Web 应用程序。

但是，由于我们自定义了 scope 属性以接入 YouTube API，因此，此时会弹出另一个提示，要求我们选择一个特定的 YouTube 频道（如果你没有，则必须创建一个，即使你不要上传任何内容），如图 4.6 所示。

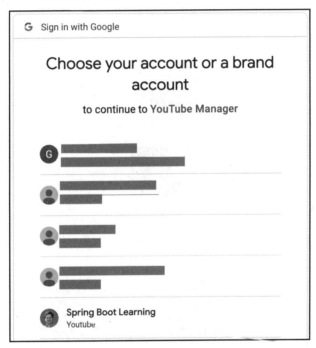

图 4.6　YouTube 的频道选择页面

选择你的 YouTube 频道（是的，我也有好几个）之后，即可被重定向回我们的 Spring Boot Mustache 模板，如图 4.7 所示。

就这样，我们在自己的网页上显示了 YouTube 数据！缩略图甚至有超链接，允许你打开一个新的浏览器选项卡并观看视频。

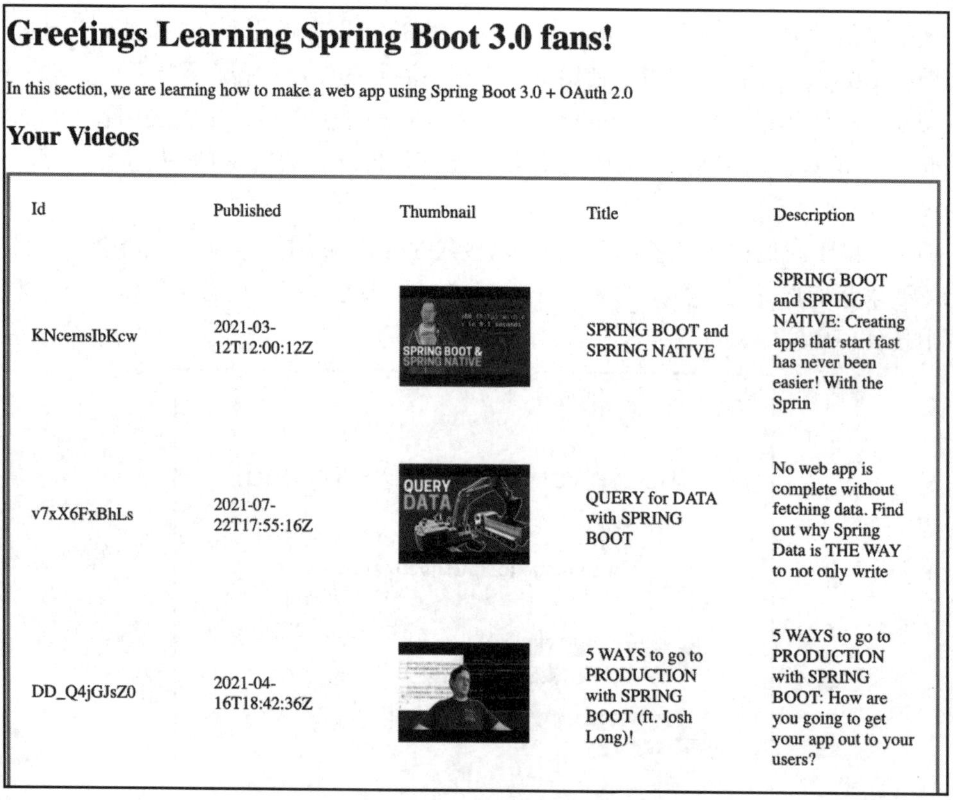

Greetings Learning Spring Boot 3.0 fans!

In this section, we are learning how to make a web app using Spring Boot 3.0 + OAuth 2.0

Your Videos

Id	Published	Thumbnail	Title	Description
KNcemsIbKcw	2021-03-12T12:00:12Z		SPRING BOOT and SPRING NATIVE	SPRING BOOT and SPRING NATIVE: Creating apps that start fast has never been easier! With the Sprin
v7xX6FxBhLs	2021-07-22T17:55:16Z		QUERY for DATA with SPRING BOOT	No web app is complete without fetching data. Find out why Spring Data is THE WAY to not only write
DD_Q4jGJsZ0	2021-04-16T18:42:36Z		5 WAYS to go to PRODUCTION with SPRING BOOT (ft. Josh Long)!	5 WAYS to go to PRODUCTION with SPRING BOOT: How are you going to get your app out to your users?

图 4.7　Spring Boot YouTube 风格的模板

提示：

　　上述代码从我的 YouTube 频道中获取数据，显示了最受欢迎的视频（图 4.7 已被调整以适合本书大小）。当然，你可以插入任何频道 ID 并获得读取结果。例如，输入以下频道 ID 即可查看我的朋友 Dan Vega 的频道，他是一名 Spring 开发的倡导者，制作了多个 Spring 视频：

```
youTube.channelVideos("UCc98QQw1D-y38wg6mO3w4MQ", 10,
YouTube.Sort.VIEW_COUNT)
```

　　通过使用 OAuth2，我们成功构建了一个系统，可以将用户管理工作交给第三方服务。通过将用户管理转移到 Google（或你所选择的任何 OAuth2 服务），这大大降低了我们自己的风险，减少了很多麻烦。

　　事实上，这是利用第三方服务的主要原因。有许多初创公司和企业提供敏捷服务，只需要用户 ID 和电子邮件地址即可识别用户。

你可能还注意到，一些网站甚至提供让你通过多种外部服务登录的方式，那是因为我们实际上可以基于多个平台定义条目，将它们的所有条目都添加到 application.yaml 中，然后使用它们。

作为一项练习，你可以修改你的应用程序以支持多个外部服务。

4.7　小　　结

本章详细介绍了如何保护 Spring MVC 应用程序。我们添加了自定义用户，应用了基于路径的控制，甚至使用Spring Security添加了方法级细粒度控制。我们还通过使用Spring Security 的 OAuth2 集成将用户管理任务外包给了 Google。我们通过获取一些 YouTube 数据并提供视频链接来演示了这一操作。

本章可能看起来略长，但相对于安全保护任务来说仍只能算是简单的入门介绍。希望本章展示的各种策略能对你自己的应用程序保护实践有所启发。

在第 5 章 "使用 Spring Boot 进行测试" 中，我们将探讨如何使用各种测试机制来确保我们的代码坚如磐石，无懈可击。

第 5 章　使用 Spring Boot 进行测试

在第 4 章"使用 Spring Boot 保护应用程序"中，我们学习了如何通过各种策略来保护应用程序，包括基于路径和基于方法的规则。我们甚至还学会了如何将用户管理任务委托给外部系统（如 Google）来降低风险和减少麻烦。

本章将学习如何在 Spring Boot 中进行测试。测试是一种多方面的方法，它不是一劳永逸的工作，因为每次我们添加新功能时，都需要添加相应的测试用例来捕获需求，并验证它们是否得到满足。总是有可能发现我们没有想到的极端情况。随着应用程序的发展，我们必须更新和升级测试方法。

测试是一种信条，当测试通过时，它能增强我们对所构建软件的信心。反过来，我们也可以将这种信心带给我们的客户，证明软件的品质。

本章的重点是介绍广泛的测试策略及其各种权衡。我们并不是为了确保本书的示例代码经过良好测试，而是为了让你了解如何更好地测试你的项目，并了解何时使用何种策略。

本章包含以下主题：
- ❑ 将 Junit 5 添加到应用程序中
- ❑ 为域对象创建测试
- ❑ 使用 MockMVC 测试 Web 控制器
- ❑ 使用模拟测试数据存储库
- ❑ 使用嵌入式数据库测试数据存储库
- ❑ 将 Testcontainers 添加到应用程序中
- ❑ 使用 Testcontainers 测试数据存储库
- ❑ 使用 Spring Security Test 测试安全策略

💡 提示：

本章代码网址如下：

https://github.com/PacktPublishing/Learning-Spring-Boot-3.0/tree/main/ch5

5.1　将 JUnit 5 添加到应用程序中

编写测试用例的第一步是添加必要的测试组件。最广泛接受的测试工具是 JUnit。

JUnit 5 是与 Spring Framework 和 Spring Boot 深度集成的最新版本。有关 JUnit 的更多历史，请访问以下网址：

https://springbootlearning.com/junit-history

将 JUnit 添加到我们的应用程序中需要做什么？

什么都不需要。

这是真的。你应该还记得，在前面的章节中，我们使用了 Spring Initialzr（start.spring.io）来创建新项目（或扩充现有项目），其在底部自动添加的依赖项之一是：

```
<dependency>
        <groupId>org.springframework.boot</groupId>
        <artifactId>spring-boot-starter-test</artifactId>
        <scope>test</scope>
</dependency>
```

这个测试范围的 Spring Boot 启动器包含一组完全加载的依赖项，其中包括以下内容：

❑ Spring Boot Test：面向 Spring Boot 的测试实用程序。
❑ JSONPath：JSON 文档的查询语言。
❑ AssertJ：用于断言结果的 Fluent API。
❑ Hamcrest：匹配器库。
❑ JUnit 5：用于编写测试用例的基石库。
❑ Mockito：用于构建测试用例的模拟框架。
❑ JSONassert：针对 JSON 文档的断言库。
❑ Spring Test：Spring Framework 的测试工具。
❑ XMLUnit：用于验证 XML 文档的工具包。

模拟（mock）是一种测试形式，它不检查结果，而是验证调用的方法。本章将详细介绍如何使用它。

简而言之，所有这些工具包都已经触手可及，随时可以编写测试。为什么？

这样我们就不用挑三拣四，浪费时间了。Spring Initialzr 自动添加了所有这些合适的测试套件，根本不需要我们费神。

测试对 Spring 团队来说非常重要。

我们不一定要在本章中使用这些工具包中的每一个，但我们将获得一个很好的功能剖析和演示。到本章结束时，你应该对这些工具包提供的功能有更好的认识。

5.2　为域对象创建测试

如前文所述，测试是一种多方面的方法。任何系统中最关键的事情之一就是它的域类型。测试它们至关重要。实际上，任何对用户公开可见的东西都是编写测试用例的候选对象。

因此，让我们首先围绕在第 3 章"使用 Spring Boot 查询数据"中定义的 VideoEntity 域对象编写一些测试用例：

```
public class CoreDomainTest {

    @Test
    void newVideoEntityShouldHaveNullId() {
        VideoEntity entity = new VideoEntity("alice",
            "title", "description");
        assertThat(entity.getId()).isNull();
        assertThat(entity.getUsername()).isEqualTo("alice");
        assertThat(entity.getName()).isEqualTo("title");
        assertThat(entity.getDescription()).isEqualTo("description");
    }
}
```

上述代码可以解释如下：

❑　CoreDomainTest：这是测试套件的名称。按照惯例，测试套件类通常以 Test 一词结尾，单元测试以 UnitTest 结尾，集成测试以 IntegrationTest 结尾，当然也可能还有其他限定词。

❑　@Test：这个 JUnit 注解表明该方法是一个测试用例。请务必使用 @Test 的 org.junit.jupiter.api 版本而不是 org.junit 版本。前者的包是 JUnit 5，而后者的包是 JUnit 4（两者都在类路径上以支持向后兼容）。

❑　newVideoEntityShouldHaveNullId：测试方法的名称很重要，因为它应该传达其验证内容的要点。这不是技术要求，而是捕获信息的机会。此方法验证的是，当我们创建一个新的 VideoEntity 实例时，它的 id 字段应该为 null。

❑　该方法的第一行创建了一个 VideoEntity 实例。

❑　assertThat()：一个 AssertJ 静态辅助方法，它将获取一个值并使用一组子句对其进行验证。

❑　isNull()：这会验证 id 字段是否为 null。

❏　isEqualTo()：这将验证各个字段是否等于它们的预期值。

在集成开发环境中，可以右击该类并运行它，如图 5.1 所示。

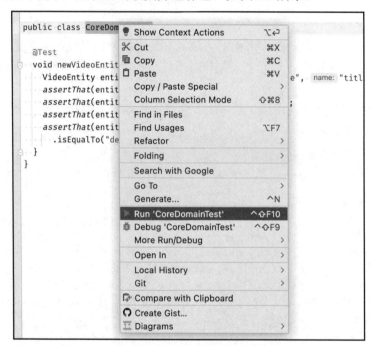

图 5.1　右击测试类并运行它

运行该测试套件后，你将看到如图 5.2 所示的结果。

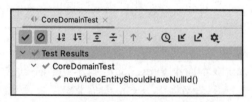

图 5.2　查看测试结果（绿色对勾表示通过）

图 5.2 仅截取了部分结果。其他测试结果还包括：该测试用例运行了大约 49 毫秒。对于测试来说，频繁运行测试至关重要。每次我们编辑了一些代码时，都应该运行一下测试套件看看——如果可能的话，还应该运行所有的测试套件。

在继续讨论更多测试技术之前，请记住我们前面说过的话："任何对用户公开可见的东西都是编写测试用例的候选对象"。这个对象也应该扩展到诸如域类的 toString() 方法之类的东西，如下所示：

```
@Test
void toStringShouldAlsoBeTested() {
    VideoEntity entity = new VideoEntity("alice", "title", "description");
    assertThat(entity.toString())
        .isEqualTo("VideoEntity{id=null, username='alice',
            name='title', description='description'}");
}
```

该测试方法可以解释如下：

❑　@Test：该注解表示这是一个测试方法。

❑　toStringShouldAlsoBeTested()：你应该始终尝试使用测试方法名称作为捕获测试意图的一种方式。

　　提示：我总是喜欢在方法名称的某处使用 should 来确定其目的。

❑　第一行创建了一个带有主干信息的 VideoEntity 实例。

❑　assertThat()：用来验证 toString()方法的值是否有预期的值。

ⓘ 注意：

组合断言还是不组合断言？

该测试方法的断言可以被添加到先前的测试方法中。毕竟，它们都有相同的 VideoEntity。那么，为什么要把它分成不同的方法呢？为了非常清楚地捕捉测试实体的 toString()方法的意图。上述测试方法侧重于使用实体的构造函数填充实体，然后检查其 getter 方法。

toString()方法是一个单独的方法。通过将断言分解为更小的测试方法，一个失败的测试掩盖另一个失败测试的可能性更小。

为了更好的理解，让我们验证域对象的 setter 方法：

```
@Test
void settersShouldMutateState() {
    VideoEntity entity = new VideoEntity("alice", "title", "description");
    entity.setId(99L);
    entity.setName("new name");
    entity.setDescription("new desc");
    entity.setUsername("bob");
    assertThat(entity.getId()).isEqualTo(99L);
    assertThat(entity.getUsername()).isEqualTo("bob");
    assertThat(entity.getName()).isEqualTo("new name");
    assertThat(entity.getDescription()) //
        .isEqualTo("new desc");
}
```

上述代码可以解释如下：

❑ settersShouldMutateState()：该测试方法旨在验证实体的 setter 方法。

❑ 第一行将创建与其他测试用例相同的实体实例。

❑ 然后测试方法继续执行实体的所有 setter 方法。

❑ 它使用与以前相同的 AssertJ 断言，但具有不同的值，以验证状态是否已正确改变。

有了这个测试类，我们就可以测试覆盖（test coverage）了。IntelliJ（和大多数现代 IDE）提供了使用覆盖实用程序运行测试用例的方法，如图 5.3 所示。

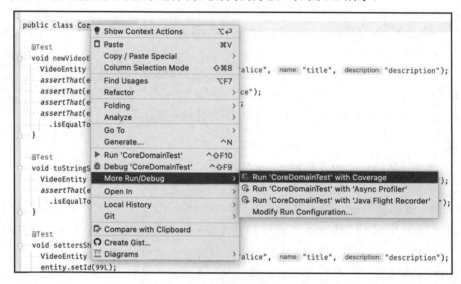

图 5.3　运行带有覆盖率分析的测试类

IntelliJ 可以通过颜色高亮显示哪些行已经测试。它揭示了我们的 VideoEntity 实体类已被完全覆盖（受保护的无参数构造函数除外）。

作为一项练习，你可以编写另一个测试用例来验证该构造函数。

本节向你展示了如何针对域类编写单元级测试。这个概念可以很容易地被扩展到包含函数、算法和其他功能特性的类中。

我们必须考虑的另一点是，大量的应用程序都是 Web 应用程序。因此，接下来让我们看看验证 Spring MVC Web 控制器的各种策略。

5.3　使用 MockMVC 测试 Web 控制器

由于网页是 Web 应用程序的关键组件，因此 Spring 也配备了可以轻松验证 Web 功能的工具。

虽然我们可以实例化一个 Spring MVC Web 控制器并使用各种断言对其进行查询,但这样做显得比较笨拙。我们寻求获得的东西是遍历 Spring MVC 的机制。因此,我们实际上需要的是进行网络调用并等待控制器响应。

为了测试我们在本书前面章节构建的 HomeController 类,需要在与 HomeController 相同包中的 src/test/java 下创建一个新的测试类 HomeControllerTest.java:

```java
@WebMvcTest(controllers = HomeController.class)
public class HomeControllerTest {

    @Autowired MockMvc mvc;

    @MockBean VideoService videoService;

    @Test
    @WithMockUser
    void indexPageHasSeveralHtmlForms() throws Exception {
        String html = mvc.perform( //
            get("/")) //
            .andExpect(status().isOk()) //
            .andExpect( //
                content().string( //
                    containsString("Username: user"))) //
            .andExpect( //
                content().string( //
                    containsString("Authorities: [ROLE_USER]"))) //
            .andReturn() //
            .getResponse().getContentAsString();

        assertThat(html).contains( //
            "<form action=\"/logout\"", //
            "<form action=\"/search\"", //
            "<form action=\"/new-video\"");
    }
}
```

这个很小的测试类可以解释如下:

❑ @WebMvcTest:启用 Spring MVC 机制的 Spring Boot 测试注解。该 controllers 参数将此测试套件限制为仅适用 HomeController 类。

❑ @Autowired MockMvc mvc:@WebMvcTest 可以将 Spring 的 MockMvc 实用程序实例添加到应用程序上下文中。然后,我们可以将它自动连接到测试套件中,以供所有测试方法使用。

❑ @MockBean VideoService videoService：这个 bean 是 HomeController 的必需组件。使用 Spring Boot Test 的@MockBean 注解即可创建 bean 的模拟版本，并将其添加到应用程序上下文中。

❑ @Test：将此方法表示为 JUnit 5 测试用例。

❑ @WithMockUser：来自 Spring Security Test 的这个注解可以模拟用户使用 user 用户名和 ROLE_USER（默认值）权限登录。

❑ 第一行使用了 MockMvc 执行 get("/")。

❑ 随后的子句将执行一系列断言，包括验证结果是否为 HTTP 200 (OK)响应代码以及内容是否包含 user 用户名和 ROLE_USER 权限。然后，它通过将整个响应作为字符串抓取来结束 MockMVC 调用。

❑ 在 MockMVC 调用之后是一个 AssertJ 断言，用于验证 HTML 输出。

此测试方法实际上是调用了 HomeController 类的基本 URL 并检查它的各个方面，例如响应代码及其内容。

我们的 Web 应用程序的一个关键功能是能够创建新视频，因此可以通过以下测试方法处理放在网页上的 HTML 表单：

```
@Test
@WithMockUser
void postNewVideoShouldWork() throws Exception {
    mvc.perform( //
        post("/new-video") //
            .param("name", "new video") //
            .param("description", "new desc") //
            .with(csrf())) //
        .andExpect(redirectedUrl("/"));

    verify(videoService).create( //
        new NewVideo( //
            "new video", //
            "new desc"), //
        "user");
}
```

对该测试方法的解释如下：

❑ @Test：JUnit 5 注解，表示这是一个测试方法。

❑ @WithMockUser：通过模拟身份验证让我们通过 Spring Security 的检查。

❑ 该测试方法使用了 MockMVC 以执行带有两个参数（name 和 description）的

post("/new-video")。由于网页使用了跨站请求伪造（CSRF），因此我们可以使用.with(csrf())自动提供正确的 CSRF 令牌，进一步将其模拟为有效请求而不是攻击。

❑ redirectedUrl("/")：这将验证控制器发出的 HTTP 重定向。

❑ verify(videoService)：Mockito 的钩子，用于验证模拟的 VideoService bean 的 create()方法是使用 MockMVC 提供的相同参数和来自@WithMockUser 的用户名调用的。

创建所有这些方法之后，即可轻松地运行我们的测试套件，其结果如图 5.4 所示。

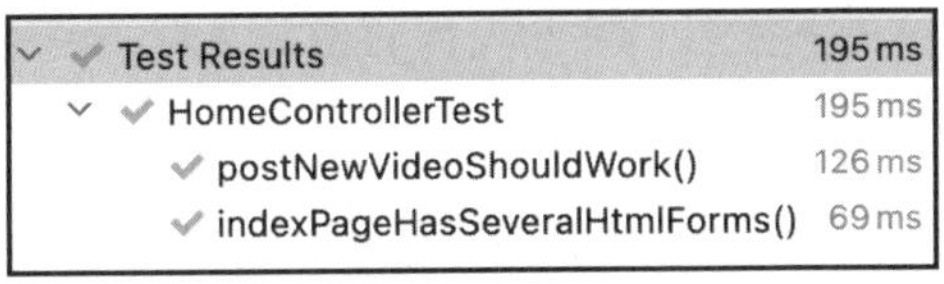

图 5.4　HomeControllerTest 的测试结果

这个测试结果的屏幕截图显示我们在亚秒级的时间内成功地执行了几个控制器的方法。作为一项练习，你也可以编写测试其他控制器方法的代码。

能够快速证明基本的控制器行为至关重要。它允许我们建立一个测试机制，验证所有的控制器。如前文所述，我们编写的测试越多，对系统的信心就越大。

本节简要介绍了使用模拟的 VideoService bean。事实上，通过模拟还可以做很多事情，例如，使用模拟测试数据存储库。

5.4　使用模拟测试数据存储库

在通过一些自动化测试运行我们的 Web 控制器后，现在可以将注意力转移到系统的另一个关键部分：Web 控制器调用的服务层。

这一过程的要点是发现任何协作服务。由于唯一注入 HomeController 的服务就是 VideoService，因此让我们仔细研究它。

在第 3 章 "使用 Spring Boot 查询数据" 中已经定义，VideoService 有一个协作者是 VideoRepository。因此，要以单元测试方式测试 VideoService bean，需要将它与任何外部影响隔离开来。这可以使用模拟来完成。

💡 提示：单元测试与集成测试

我们可以利用各种测试策略。一个关键问题是：究竟选择单元测试还是集成测试？

原则上，单元测试（unit test）意味着只测试一个类。任何外部服务都应该使用模拟（mock）或桩（stub）函数的方法。

与单元测试对应的测试策略是集成测试（integration test），涉及创建这些不同协作者的真实或模拟变体。

当然，二者各有利弊。单元测试往往会更快，因为所有外部影响都被固定答案替换了。但是存在这样的风险，即给定的测试用例除了模拟本身没有测试任何东西。

集成测试可以增加信心，因为它往往更真实，但通常需要更多的设计和设置。而且，无论是使用嵌入式数据库还是 Docker 容器来模拟生产服务，这些服务可能都没有那么快。

这就是为什么任何真正的应用程序都倾向于二者兼而有之。一些单元测试可以验证核心功能。但我们也需要一种感觉，即当我们的组件连接在一起时，它们可以正确地一起工作。

在 5.3 节 "使用 MockMVC 测试 Web 控制器" 中，我们利用了 Spring Boot Test 的基于切片的@WebMvcTest 注解。本节将使用不同的策略来配置事物：

```
@ExtendWith(MockitoExtension.class)
public class VideoServiceTest {

    VideoService service;
    @Mock VideoRepository repository;

    @BeforeEach
    void setUp() {
        this.service = new VideoService(repository);
    }
}
```

该测试类可以解释如下：

❑ @ExtendWith(MockitoExtension.class)：Mockito 的 Junit 5 钩子，用于模拟带有@Mock 注解的任何字段。

❑ VideoService：被测试的类。

❑ VideoRepository：VideoService 所需的协作者被标记以进行模拟。

❑ @BeforeEach：JUnit 5 注解，使此设置方法在每个测试方法之前运行。

❑ setUp()方法显示了使用模拟 VideoRepository（通过其构造函数注入）创建的 VideoService。

Mockito 始终有它的静态 mock()方法，这使得创建模拟对象成为可能。但是使用它们的@Mock 注解（以及 MockitoExtension JUnit 5 扩展）则可以非常清楚地看到哪个组件正在测试中。

有了该机制，即可添加第一个测试方法：

```
@Test
void getVideosShouldReturnAll() {
    // given
    VideoEntity video1 = new VideoEntity("alice", "Spring
        Boot 3 Intro", "Learn the basics!");
    VideoEntity video2 = new VideoEntity("alice", "Spring
        Boot 3 Deep Dive", "Go deep!");
    when(repository.findAll()).thenReturn(List.of(video1, video2));

    // when
    List<VideoEntity> videos = service.getVideos();

    // then
    assertThat(videos).containsExactly(video1, video2);
}
```

该测试方法的一些关键部分解释如下：

❑ @Test：JUnit 5 注解，表示它是测试方法。

❑ 前两行将创建一些测试数据。第三行使用 Mockito 定义模拟 VideoRepository 在其 findAll()方法被调用时如何响应。

❑ 接下来的一行是调用 VideoService 的 getVideos()方法的地方。

❑ 最后一行使用 AssertJ 来验证结果。

这些要点虽然准确，但并未涵盖此测试方法的整个流程。

对于初学者来说，该方法具有 3 个注解，分别表示 3 个阶段：given（给定）、when（当）和 then（则）。given-when-then 概念是行为驱动设计（behavior-driven design，BDD）背后的主要思想。这个思想是，给定一组输入，当你执行一个操作 X 时，则可以期望获得结果 Y。

以这种方式执行的测试用例往往更容易阅读——其读者不仅仅包括软件开发人员，还有业务分析师和其他不专注于编写代码但专注于捕捉客户意图的团队成员。

💡 提示：

代码并不是必须包含注释，但遵循良好的注释惯例将使其更加易于阅读。另外，这也并不仅仅是注释而已。有时，我们可能会编写各个地方的测试用例，按照 given-when-then 概念制定测试方法可以让它们更有说服力，并且更加专注于发现问题。例如，如果一个测试用例似乎有太多的断言，并且偏离方向太远，那么这可能是一个信号，表明它应该被分解为多个测试方法。

在介绍 Mockito 时如果不提及它所包含的一系列匹配操作符，那将是一种失职。请参阅以下测试用例，我们将测试创建新视频条目的能力：

```
@Test
void creatingANewVideoShouldReturnTheSameData() {
    // given
    given(repository.saveAndFlush(any(VideoEntity.class)))
        .willReturn(new VideoEntity("alice", "name", "des"));

    // when
    VideoEntity newVideo = service.create
        (new NewVideo("name", "des"), "alice");

    // then
    assertThat(newVideo.getName()).isEqualTo("name");
    assertThat(newVideo.getDescription()).isEqualTo("des");
    assertThat(newVideo.getUsername()).isEqualTo("alice");
}
```

需要注意的关键部分解释如下：

❑　given()：此测试方法使用 Mockito 的 BDDMockito.given 操作符，后者实际上和
　　Mockito 的 when()操作符相同。
❑　any(VideoEntity.class)：Mockito 的操作符，当存储库的 saveAndFlush()操作被调
　　用时用于匹配。
❑　该测试方法的中间显示我们将调用 VideoService.create()。
❑　测试方法结束，对结果进行断言。

Mockito 的 BDDMockito 类也有一个 then()操作符，可以使用它来代替断言。这取决
于我们是在测试数据还是在测试行为。

💡 提示：测试数据与测试行为

given 测试用例通常包括对照测试数据进行验证或验证是否调用了正确的方法。

到目前为止，我们使用的是 when(something).thenReturn(value)，它被称为桩（stub）。我
们需要配置一组测试数据，以便为特定的函数调用返回。稍后，我们可以期望断言这些值。

另一种方法是使用 Mockito 的 verify()操作符，这将在下一个测试用例中看到。该操
作符不是通过数据进行确认，而是检查在模拟对象上调用了什么方法。

我们不必为强调一种策略而忽视另一种策略。有时，对于我们正在测试的代码，通
过桩更容易捕捉其意图；而另一些时候，用模拟来捕捉行为则更为清晰。不管怎样，
Mockito 都让测试变得更加容易。

虽然 BDDMockito 提供了不错的替代方案，但（至少对我而言）在任何地方都使用相同的操作符会更容易。至于是使用桩还是模拟则取决于测试用例。

来看以下最终测试用例，我们将验证服务的 delete 操作：

```
@Test
void deletingAVideoShouldWork() {
    // given
    VideoEntity entity = new VideoEntity("alice", "name", "desc");
    entity.setId(1L);
    when(repository.findById(1L))
        .thenReturn(Optional.of(entity));

    // when
    service.delete(1L);

    // then
    verify(repository).findById(1L);
    verify(repository).delete(entity);
}
```

该测试方法与之前的方法有一些关键区别：

❑ when()：由于 when()操作符实际上与 Mockito 的 given()操作符是相同的，因此这里使用相同的 when()操作符更容易。

❑ 此测试调用了 VideoService 的 delete()操作。

❑ Verify()：因为该服务的行为比较复杂，事先配置的数据将无法工作。相反，我们必须切换到验证服务内部调用的方法。

值得一提的是，本书的介绍都和 Mockito 有关。我的朋友 Ken Kousen 最近写了一本书：*Mockito Made Clear*（《Mockito 清晰讲解》），建议你更深入地研究它。其网址如下：

https://springbootlearning.com/mockito-book

Mockito 这个工具包较为复杂，我们只是做了一个浮光掠影的介绍，但即便如此也可以说，我们已经通过可读的测试场景捕获了大量的 VideoService API。

当然，有一件事是所有这一切的关键：这些测试用例是基于单元的。这有一定的局限性。为了增强我们对 Web 应用程序品质的信心，接下来，我们将通过使用内存数据库（in-memory database，IMDB）来扩大测试范围。

5.5　使用嵌入式数据库测试数据存储库

　　就时间和资源而言,针对真实数据库进行测试的成本一直都很高。这是因为传统上它需要启动应用程序,抓取各种手写脚本,然后单击应用程序的各个页面以确保其正常运行。

　　有些公司拥有测试工程师团队,他们唯一的工作就是编写这些测试文档,随着更改的推出而更新它们,并在专门的测试实验室中针对应用程序运行它们。

　　不难想象,你可能需要等待一个星期甚至更长时间,才能让你开发的新功能通过这种方案的检查。

　　自动化测试为开发人员带来了新的能力。他们可以捕获描述他们所针对场景的测试用例。然而,开发人员仍然遇到与真实数据库对话的问题(这是因为我们需要面对现实——除非你与物理数据库对话,否则测试就是不真实的),直到人们开发出可以使用 SQL 语句但在本地和内存中运行的数据库。

ℹ️ **注意:不是所有数据库都在内存中运行吗?**

　　生产级数据库系统在内存中运行。服务器具有海量的内存和磁盘空间,足以支持数据库服务器。但这不是我们要讨论的。

　　与你的应用程序相关的内存数据库是指在与你的应用程序相同的内存空间中运行的数据库。

　　对于内存数据库,也有多个选择。本节将使用 HyperSQL 数据库(HyperSQL database,HSQLDB)。我们可以从 https://start.spring.io 的 Spring Initializr 中选择它,并使用以下 Maven 信息将其添加到我们的构建项目中:

```
<dependency>
    <groupId>org.hsqldb</groupId>
    <artifactId>hsqldb</artifactId>
    <scope>runtime</scope>
</dependency>
```

　　这种依赖关系有一个关键方面:它是 runtime 依赖项,这意味着我们的代码中没有任何内容必须针对它进行编译。只有在应用程序运行时才需要它。

　　现在,要针对我们在第 3 章"使用 Spring Boot 查询数据"中构建的 VideoRepository 进行测试,可以在相关包中的 src/test/java 下面创建 VideoRepositoryHsqlTest 类:

```
@DataJpaTest
public class VideoRepositoryHsqlTest {

    @Autowired VideoRepository repository;

    @BeforeEach
    void setUp() {
        repository.saveAll( //
            List.of( //
                new VideoEntity( //
                    "alice", //
                    "Need HELP with your SPRING BOOT 3 App?", //
                    "SPRING BOOT 3 will only speed things up."),
                new VideoEntity("alice", //
                    "Don't do THIS to your own CODE!", //
                    "As a pro developer, never ever EVER do this to
                        your code."),
                new VideoEntity("bob", //
                    "SECRETS to fix BROKEN CODE!", //
                    "Discover ways to not only debug your code")));
    }
}
```

该测试类的解释如下：

❑ @DataJpaTest：这是 Spring Boot 的测试注解，表明我们希望它执行所有实体类
定义和 Spring Data JPA 存储库的自动扫描。

❑ @Autowired VideoRepository：自动注入要测试的 VideoRepository 对象的实例。

❑ @BeforeEach：JUnit 5 注解，确保此方法在每个测试方法之前运行。

❑ repository.saveAll()：使用 VideoRepository，保存一批测试数据。

有了此设置之后，即可开始编写测试方法来练习我们的各种存储库方法。现在，重
要的是要了解，我们并不专注于确认 Spring Data JPA 是否有效。这意味着我们将验证框
架，这是一项超出本书范围的任务。

我们需要验证我们是否编写了正确的查询，无论是使用自定义查找器、按例查询还
是我们希望利用的其他策略。

我们编写的第一个测试如下所示：

```
@Test
void findAllShouldProduceAllVideos() {
    List<VideoEntity> videos = repository.findAll();
```

```
assertThat(videos).hasSize(3);
}
```

此测试方法执行以下操作：

❑　练习 findAll()方法。

❑　使用 AssertJ 检查结果的大小。我们可以更深入地研究断言（本节后面将进行该
　　项研究）。

作为一项练习，你可以扩展此测试方法以全面验证数据。如果感觉有难度，也可以
先阅读下文再做练习。

search 功能部分是对一个视频进行不区分大小写的检查。可以按以下方式编写一个
测试：

```
@Test
void findByNameShouldRetrieveOneEntry() {
    List<VideoEntity> videos = repository //
        .findByNameContainsIgnoreCase("SpRinG bOOt 3");
    assertThat(videos).hasSize(1);
    assertThat(videos).extracting(VideoEntity::getName) //
        .containsExactlyInAnyOrder( //
            "Need HELP with your SPRING BOOT 3 App?");
}
```

这种测试方法更为广泛，可以解释如下：

❑　请注意测试方法的名称暗示了其作用。

❑　使用 findByNameContainsIgnoreCase()并插入一个大小写混乱的子字符串。

❑　使用 AssertJ，它验证结果的大小为 1。

❑　使用 AssertJ 的 extracting()操作符和 Java 8 方法参考，我们可以提取每个条目的
　　name 字段。

❑　该断言的最后一部分是 containsExactlyInAnyOrder()。如果顺序无关紧要，但具
　　体内容很重要，那么这是确认结果的完美操作符。

你可能会问：为什么我们不针对 VideoEntity 对象进行断言呢？毕竟，Java 17 记录使
得实例化它们的实例变得非常简单。

在测试用例（尤其是与真实数据库对话的测试用例）中避免这种情况的原因是：id
字段是由 setUp()方法中的 saveAll()操作填充的。虽然我们可以集体讨论在 setUp()和给定
测试方法之间动态处理此问题的方法，但确认主键并不是重要的。

相反，我们专注的是尝试从应用程序的角度验证一些东西。在本示例中，我们想知
道大小写混乱的输入是否产生了正确的视频，并验证 name 字段是否完全符合要求。

我们还可以编写另 一个测试来确认按名称或描述进行搜索是否有效。因此，可添加以下测试方法：

```
@Test
void findByNameOrDescriptionShouldFindTwo() {
    List<VideoEntity> videos = repository //
        .findByNameContainsOrDescriptionContainsAllIgnoreCase(
            "CoDe", "YOUR CODE");
    assertThat(videos).hasSize(2);
    assertThat(videos) //
        .extracting(VideoEntity::getDescription) //
        .contains("As a pro developer, never ever EVER do this
            to your code.", //
            "Discover ways to not only debug your code");
}
```

对该测试方法的解释如下：

❑　可以看到，上述代码使用的是存储库的以下方法：

findByNameContainsOrDescriptionContainsAllIgnoreCase()

该输入确实是部分字符串，大小写与 setUp()方法中存储的内容不同。

❑　断言结果的大小是一个简单的测试，可以验证路径是否正确。

❑　这一次，我们使用了 extracting()操作符来获取 description 字段。

❑　我们只需检查提取操作符是否包含一些 description，而不用担心顺序。重要的是要记住，如果没有 ORDER BY 子句，那么数据库就没有义务以与存储时相同的顺序返回结果。

应该指出的是：该测试类使用字段注入（field injection）来自动装配 VideoRepository。在现代 Spring 应用程序中，通常建议使用构造函数注入（constructor injection）。2.4.3 节"通过构造函数调用注入依赖"对此进行了详细解释。

虽然字段注入通常被视为可能导致空指针异常的风险，但当涉及测试类时，这倒是没什么问题。究其原因，是因为创建和销毁测试类的生命周期是由 JUnit 处理的，而不是由开发人员和 Spring Framework 处理的。

现在还有一个我们尚未测试的存储库方法，那就是 delete()操作。5.8 节"使用 Spring Security Test 测试安全策略"将对此展开讨论。

与此同时，我们还必须解决一个摆在面前的关键问题：如果我们的目标数据库不是嵌入式的，那又该怎么办呢？

如果要在生产环境中使用一些更主流的东西，例如 PostgreSQL、MySQL、MariaDB、

Oracle 或其他一些关系数据库，则必须处理这样一个事实，即它们不能作为嵌入式、共存进程使用。

我们可以继续使用 HSQL 作为编写测试用例的基础，但即使是使用 JPA 作为标准，仍面临着 SQL 操作在投入生产环境时无法正常工作的风险。

尽管 SQL 是一个标准（或者更确切地说，是多个标准），但仍有一些差异没有被规范所涵盖。每个数据库引擎都用其解决方案填补了这些差异，并提供了规范之外的功能。

这也导致我们需要针对 PostgreSQL 编写测试用例，但无法使用目前所讨论的方法。接下来就让我们看看具体该怎么做。

5.6　将 Testcontainers 添加到应用程序中

我们已经看到，通过模拟，可以用假的服务替换真实的服务。但是当你需要验证涉及与真实数据库对话的真实服务时会发生什么？

每个数据库引擎在 SQL 的实现上都有一些细微的差异，这一事实要求我们必须针对打算在生产中使用的相同版本测试数据库操作！

随着 2013 年 Docker 的出现以及将各种工具和应用程序放入容器中这一做法的兴起，为我们寻找的数据库找到一个容器成为可能。

在开源文化深入人心的今天，几乎所有我们能找到的数据库都有容器化版本。

虽然这使我们可以在本地工作站上启动一个实例，但每次运行测试时都需要手动启动本地数据库，因此它并没有完全解决这个问题。

因此，更好的解决方案是使用 Testcontainers。随着 2015 年第一个版本的发布，Testcontainers 提供了一种机制来启动数据库容器、调用一系列测试用例，然后关闭容器。所有这些都不需要开发人员的手动操作。

要将 Testcontainers 添加到任何 Spring Boot 应用程序中，同样只需要访问 start.spring.io 上的 Spring Initializr。在该站点上可以选择 Testcontainers，以及 PostgreSQL Driver（PostgreSQL 驱动程序）。

添加到 pom.xml 构建文件中的更改如下所示：

```
<testcontainers.version>1.17.6</testcontainers.version>
```

testcontainers.version 指定要使用的 Testcontainers 的版本。此属性设置应放在 <properties/>元素内，你可以在同一位置找到已存在的 java.version 属性。

有了它之后，还必须添加以下依赖项：

```xml
<dependency>
        <groupId>org.postgresql</groupId>
        <artifactId>postgresql</artifactId>
        <scope>runtime</scope>
</dependency>
<dependency>
        <groupId>org.testcontainers</groupId>
        <artifactId>postgresql</artifactId>
        <scope>test</scope>
</dependency>
<dependency>
        <groupId>org.testcontainers</groupId>
        <artifactId>junit-jupiter</artifactId>
        <scope>test</scope>
</dependency>
```

这些额外的依赖项可以解释如下：

❑ org.postgresql:postgresql：一个由 Spring Boot 管理的第三方库。这是连接到 PostgreSQL 数据库的驱动程序；因此，它只需要在 runtime 范围内。我们的代码库中没有任何内容必须针对它进行编译。

❑ org.testcontainers:postgresql：为 PostgreSQL 容器提供一流支持的 Testcontainers 库（下文将进一步探讨它）。

❑ org.testcontainers:junit-jupiter：这是与 JUnit 5（即 JUnit Jupiter）深度集成的 Testcontainers 库。

重要的是要了解，Testcontainers 涉及一系列不同的模块，所有模块都在 GitHub 存储库的保护下进行管理。它们通过发布 Maven 材料清单（Bill of materials，BOM）来做到这一点，这是一个包含所有版本的中央工件。

testcontainers.version 属性指定了我们希望使用的 Testcontainers BOM 版本，它被添加到 pom.xml 文件的<dependencies/>下面的单独部分中，如下所示：

```xml
<dependencyManagement>
    <dependencies>
        <dependency>
            <groupId>org.testcontainers</groupId>
            <artifactId>testcontainers-bom</artifactId>
            <version>${testcontainers.version}</version>
            <type>pom</type>
            <scope>import</scope>
        </dependency>
```

```
  </dependencies>
</dependencyManagement>
```

此 BOM 条目可以解释如下：

❑ org.testcontainers:testcontainers-bom：该 Testcontainers BOM 包含有关每个受支持
模块的所有关键信息。通过在此处指定版本，所有其他 Testcontainers 依赖项都
可以跳过设置版本的步骤。

❑ pom：一个依赖类型，表示该工件没有代码，只有 Maven 构建信息。

❑ import：一个范围，指示此依赖项应被此 BOM 包含的任何内容有效替换。这是
添加一堆已声明版本的快捷方式。

完成所有这些设置后，即可编写一些测试用例，这正是接下来我们要做的事情。

5.7　使用 Testcontainers 测试数据存储库

使用 Testcontainers 的第一步是配置测试用例。例如，要与 Postgres 数据库对话，则
需要编写以下代码：

```
@Testcontainers
@DataJpaTest
@AutoConfigureTestDatabase(replace = Replace.NONE)
public class VideoRepositoryTestcontainersTest {

    @Autowired VideoRepository repository;

    @Container //
    static final PostgreSQLContainer<?> database = //
        new PostgreSQLContainer<>("postgres:9.6.12") //
            .withUsername("postgres");
}
```

该测试用例框架可以解释如下：

❑ @Testcontainers：来自 Testcontainers junit-jupiter 模块的注解，它将挂接到 JUnit 5
测试用例的生命周期。

❑ @DataJpaTest：在前面使用过的 Spring Boot Test 的注解，表示应该扫描所有实
体类和 Spring Data JPA 存储库。

❑ @AutoConfigureTestDatabase：该 Spring Boot Test 注解告诉 Spring Boot，与其像
往常一样换出 DataSource bean，不如在类路径上有嵌入式数据库时像往常一样

不替换它（稍后会详细说明为什么需要这样做）。

❑ @Autowired VideoRepository：注入应用程序的 Spring Data 存储库。我们想要真实的东西而不是一些模拟，因为这就是我们正在测试的东西。

❑ @Container：Testcontainers 的注解，将其标记为要通过 JUnit 生命周期进行控制的容器。

❑ PostgreSQLContainer：通过 Docker 创建一个 Postgres 实例。构造函数字符串指定了我们想要的确切镜像的 Docker Hub 信息。请注意，这使得拥有多个测试类变得容易，并且每个测试类都专注于不同版本的 Postgres。

所有这些使我们能够启动 Postgres 的真实实例并从测试类中利用它。额外的注解将 Docker 的启动和停止操作与我们的测试场景的启动和停止操作结合在一起。

当然，我们还没有进行到那一步。

具有自动配置能力的 Spring Boot 可以创建一个真正的 DataSource bean 或一个嵌入式 bean。它如果在测试类路径上发现 H2 或 HSQL，那么就会转向使用嵌入式数据库；否则，它会提供一些基于它看到的 JDBC 驱动程序的自动配置默认设置。

这两种情况都不是我们想要的。我们希望它从 H2 和 HSQL 切换到使用 Postgres。但是主机名和端口将是错误的，因为这不是独立的 Postgres，而是基于 Docker 的 Postgres。

别担心，ApplicationContextInitializer 会来帮助你。这是 Spring Framework 类，它允许我们访问应用程序的启动生命周期，如下所示：

```
static class DataSourceInitializer //
    implements ApplicationContextInitializer
      <ConfigurableApplicationContext> {
    @Override
    public void initialize(ConfigurableApplicationContext
        applicationContext) {
        TestPropertySourceUtils.
            addInlinedPropertiesToEnvironment(applicationContext,
            "spring.datasource.url=" + database.getJdbcUrl(),
            "spring.datasource.username="+database.getUsername(),
            "spring.datasource.password="+database.getPassword(),
            "spring.jpa.hibernate.ddl-auto=create-drop");
    }
}
```

这段代码可以解释如下：

❑ ApplicationContextInitializer<ConfigurableApplicationContext>：该类为我们提供了应用程序上下文的句柄。

❑　initialize()：该方法是 Spring 在创建应用程序上下文时将调用的回调。

❑　TestPropertySourceUtils.addInlinedPropertiesToEnvironment：这个来自 Spring Test 的静态方法允许我们向应用程序上下文中添加额外的属性设置。此处提供的属性来自前文创建的 PostgreSQLContainer 实例。我们将利用一个已经由 Testcontainers 启动的容器，以便可以利用它的 JDBC URL、username 和 password。

❑　spring.jpa.hibernate.ddl-auto=create-drop：当与嵌入式数据库对话时，Spring Boot 使用 JPA 的 create-drop 策略自动配置事物，其中的数据库模式是从头开始创建的。因为我们使用的是真实连接来与 PostgreSQL 数据库进行通信，所以它切换为 none，此时 Spring Boot 的嵌入式行为都不会发生。相反，Spring Boot 将尝试不对数据库的模式和数据进行任何更改。由于这是一个测试环境，因此我们需要覆盖它并切换回 create-drop。

要通过将 Testcontainers 管理的数据库挂接到 Spring Boot 自动配置的 DataSource 来应用这组属性，只需将以下代码添加到测试类中：

```
@ContextConfiguration(initializers = DataSourceInitializer.class)
public class VideoRepositoryTestcontainersTest {
    ...
}
```

@ContextConfiguration 注解可以将我们的 DataSourceInitializer 类添加到应用程序上下文中。由于它注册了一个 ApplicationContextInitializer，它将在 Testcontainers 启动 Postgres 容器之后和应用 Spring Data JPA 自动配置之前的正确时刻被调用。

现在唯一剩下要做的就是编写一些实际测试了。

由于每个测试方法都是从一个干净的数据库开始的，因此我们需要预加载一些内容，如下所示：

```
@BeforeEach
void setUp() {
    repository.saveAll( //
        List.of( //
            new VideoEntity( //
                "alice", //
                "Need HELP with your SPRING BOOT 3 App?", //
                "SPRING BOOT 3 will only speed things up."),
            new VideoEntity("alice", //
                "Don't do THIS to your own CODE!", //
                "As a pro developer, never ever EVER do this to
                    your code."),
```

```
        new VideoEntity("bob", //
            "SECRETS to fix BROKEN CODE!", //
            "Discover ways to not only debug your code")));
}
```

该方法可以解释如下：

❑　@BeforeEach：JUnit 注解，表示在每个测试方法之前运行此代码。

❑　repository.saveAll()：将整个 VideoEntity 对象列表存储在数据库中。

❑　List.of()：一种 Java 17 操作符，可快速轻松地组装列表。

❑　每个 VideoEntity 实例都有一个 user、name 和 description。

如果需要测试不同的数据集该怎么办？如果有不同的数据驱动场景又该如何呢？答案是再编写一个测试类。

你可以在不同的测试类之间轻松使用 Testcontainers。通过与 JUnit 紧密集成，没必要让一些静态实例在一个测试类中飘来飘去，从而破坏该测试类。

在完成所有这些设置后，即可编写一些测试，如下所示：

```
@Test
void findAllShouldProduceAllVideos() {
    List<VideoEntity> videos = repository.findAll();
    assertThat(videos).hasSize(3);
}
```

该测试方法将验证 findAll() 方法是否返回存储在数据库中的所有 3 个实体。考虑到 findAll() 是由 Spring Data JPA 提供的，这接近于测试 Spring Data JPA 而不是我们的代码。但有时，我们也需要这种类型的测试来简单地验证是否正确设置了所有内容。

这有时也被称为冒烟测试（smoke test），即一种验证一切正常运行的测试用例。

还有一个更深入的测试用例涉及证明支持我们的搜索功能的自定义查找器可以正常运行，如下所示：

```
@Test
void findByName() {
    List<VideoEntity> videos = repository.
        findByNameContainsIgnoreCase("SPRING BOOT 3");
    assertThat(videos).hasSize(1);
}
```

该测试方法的注解和 AssertJ 注解是一样的，但重点也是 findByNameContainsIgnoreCase，它使用了存储在数据库中的数据。

总结一下，让我们用一个测试用例来验证超长自定义查找器，如下所示：

```
@Test
void findByNameOrDescription() {
    List<VideoEntity> videos = repository.
        findByNameContainsOrDescriptionContainsAllIgnoreCase
        ("CODE", "your code");
    assertThat(videos).hasSize(2);
}
```

这个方法名确实很长，它可能表明此应用场景希望按例查询（query by example，QBE）。你可以复习 3.5 节 "使用 query by example 找到动态查询的答案" 的内容，并考虑替换掉这个查询。

完成上述操作之后，即可运行测试套件并了解我们的数据存储库是否能够与数据库正确交互。我们不仅知道存储库正在做正确的事情，而且我们的测试方法也意味着它可以确保我们的系统正在做正确的事情。

这些测试的结果验证了我们针对各个字段的不区分大小写查询的设计支持上述服务层，如图 5.5 所示。

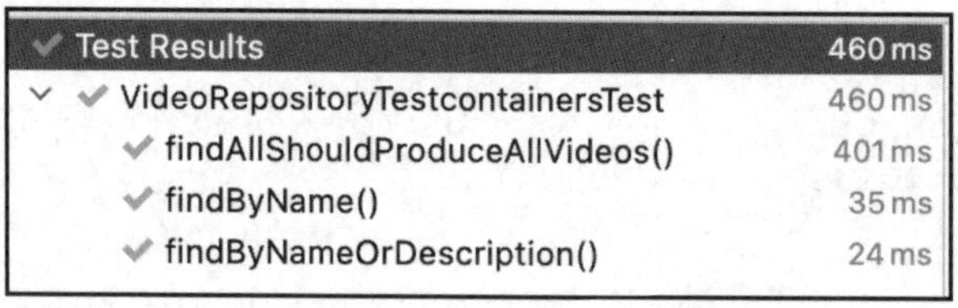

图 5.5　基于 Testcontainers 的测试

虽然本节重点介绍的是连接到数据库的存储库，但这种策略在许多其他地方也适用，如 RabbitMQ、Apache Kafka、Redis、Hazelcast 等。你如果能找到一个 Docker Hub 镜像，即可通过 Testcontainers 将它挂接到你的代码中。有时有一些快捷注解可用，而其他时候，你可能需要像我们刚才那样自己创建容器。

在验证了 Web 控制器、服务层和存储库层之后，最后还需要做的一件事是：验证我们的安全策略。

5.8　使用 Spring Security Test 测试安全策略

对于安全策略测试，你有什么想法吗？在编写 HomeControllerTest 类时，你考虑过检查安全性的东西吗？

也许有考虑，但不会是全部。

我们在本章前面使用了来自 Spring Security Test 的@WithMockUser 注解。但那是因为默认情况下，任何@WebMvcTest 注解的测试类都会使我们的 Spring Security 策略生效。

但是我们并没有涵盖所有必要的安全路径。在安全性方面，通常有很多路径需要覆盖。随着讨论的深入，你会发现这究竟意味着什么。

对于初学者来说，需要一个新的测试类，如下所示：

```
@WebMvcTest (controllers = HomeController.class)
public class SecurityBasedTest {

    @Autowired MockMvc mvc;

    @MockBean VideoService videoService;

}
```

对上述代码的解释如下：

❑ @WebMvcTest：这个 Spring Boot Test 注解表明这是一个基于 Web 的测试类，专注于 HomeController。重要的是要了解，Spring Security 策略将生效。

❑ @Autowired MockMvc：自动注入一个 Spring MockMVC 实例，以供我们编写测试用例。

❑ @MockBean VideoService：HomeController 的协作者将被 Mockito 模拟取代。

有了该测试类之后，我们可以从验证对主页的访问开始。在这种情况下，检查我们的 SecurityConfig 是有意义的：

```
http.authorizeHttpRequests() //
    .requestMatchers("/login").permitAll() //
    .requestMatchers("/", "/search").authenticated() //
    .requestMatchers(HttpMethod.GET, "/api/**").authenticated()
    .requestMatchers(HttpMethod.POST, "/delete/**",
        "/new-video").authenticated() //
    .anyRequest().denyAll() //
    .and() //
    .formLogin() //
    .and() //
    .httpBasic();
```

在此安全规则列表的顶部有一个以粗体显示的规则。它表示访问/需要经过身份验证，仅此而已。

要验证未经身份验证的用户是否被拒绝访问，可编写以下测试用例：

```
@Test
void unauthUserShouldNotAccessHomePage() throws Exception {
    mvc //
        .perform(get("/")) //
        .andExpect(status().isUnauthorized());
}
```

该测试方法的解释如下：

❑ 它没有那些@WithMockUser 注解之一。这意味着没有身份验证凭据被存储在 servlet 上下文中，因此模拟了未经授权的用户。

❑ mvc.perform(get("/"))：使用 MockMVC 执行 GET /调用。

❑ status().isUnauthorized()：断言结果是 HTTP 401 Unauthorized 错误代码。

另外，请注意该测试的方法名称：unauthUserShouldNotAccessHomePage（未授权用户不应访问主页）。它非常清楚地说明了期望。这样，如果它跳出了，我们就能确切地知道测试的意义所在。这能让我们走上更快修复问题的道路。

ⓘ 注意：

status().isUnauthorized()是指未经身份验证的用户？

在安全方面，证明你是谁被称为身份验证（authentication）。允许你做什么事被称为授权（authorization）。但是，未经身份验证的用户的 HTTP 状态代码却是 401 Unauthorized。当某人经过身份验证，但试图访问未经授权的内容时，HTTP 状态代码为 403 Forbidden。这是一个相当奇怪的术语组合，但需要注意。

我们刚刚编写了一个坏的路径测试用例，这是测试安全策略时的一个关键要求。我们还需要编写一个好的路径测试用例，如下所示：

```
@Test
@WithMockUser(username = "alice", roles = "USER")
void authUserShouldAccessHomePage() throws Exception {
    mvc //
        .perform(get("/")) //
        .andExpect(status().isOk());
}
```

该测试方法与前面的测试方法非常相似，区别在于以下两点：

❑ @WithMockUser：此注解可将身份验证令牌插入 MockMVC servlet 上下文中，用户名为 alice，权限为 ROLE_USER。

❑ 它执行与先前的测试方法相同的 get("/")调用，但期望得到不同的结果。使用

status().isOk()表示正在寻找 HTTP 200 Ok 结果代码。

现在我们已经完成了主页是否已正确锁定的验证。但是，未经身份验证的用户和 ROLE_USER 用户并不是我们系统仅有的用户。我们还有具有 ROLE_ADMIN 权限的管理员。因此，对于每个角色，都应该进行单独的测试以确保我们的安全策略配置正确。

以下代码和之前的代码几乎一样：

```
@Test
@WithMockUser(username = "alice", roles = "ADMIN")
void adminShouldAccessHomePage() throws Exception {
    mvc //
        .perform(get("/")) //
        .andExpect(status().isOk());
}
```

唯一的区别是@WithMockUser 将 alice 和 ROLE_ADMIN 存储在 servlet 上下文中。

上述 3 个测试应该能够正确验证对主页的访问。

考虑到 HomeController 还提供了添加新视频对象的能力，因此还应该编写一些测试方法来确保事情得到正确处理，如下所示：

```
@Test
void newVideoFromUnauthUserShouldFail() throws Exception {
    mvc.perform( //
        post("/new-video") //
            .param("name", "new video") //
            .param("description", "new desc") //
            .with(csrf())) //
            .andExpect(status().isUnauthorized());
}
```

对该测试方法的解释如下：

❑　方法名称（newVideoFromUnauthUserShouldFail）清楚地表明它是为了验证未经授权的用户不允许创建新视频。同样，此方法没有@WithMockUser 注解。

❑　mvc.perform(post("/new-video"))：使用 MockMVC 执行 POST /new-video 操作。param("key", "value")参数允许提供通常情况下需要通过 HTML 表单输入的字段。

❑　with(csrf())：由于我们启用了 CSRF 保护，因此这个附加设置让我们可以挂钩 CSRF 值，模拟合法访问尝试。

❑　status().isUnauthorized()：确保得到 HTTP 401 Unauthorized 响应。

如果你提供了所有预期值，包括有效的 CSRF 令牌，那么它将按预期失败。

🔵 提示：

第 4 章"使用 Spring Boot 保护应用程序"介绍了 Spring Security 将自动启用表单上的 CSRF 令牌检查和其他操作，以避免 CSRF 攻击。

对于在 HTML 页面中没有显示 CSRF 标记的测试用例，我们仍然必须显示该值以避免关闭 CSRF。

现在再编写一个测试，验证用户正确拥有创建新视频的权限：

```
@Test
@WithMockUser(username = "alice", roles = "USER")
void newVideoFromUserShouldWork() throws Exception {
    mvc.perform( //
        post("/new-video") //
            .param("name", "new video") //
            .param("description", "new desc") //
            .with(csrf()) //
            .andExpect(status().is3xxRedirection()) //
            .andExpect(redirectedUrl("/"));
}
```

上述代码可以解释如下：

❑ @WithMockUser：该用户有 ROLE_USER 权限。

❑ 它使用相同的值和 CSRF 令牌执行相同的 POST /new-video 操作，但我们得到一组不同的响应代码。

❑ status().is3xxRedirection()：验证获得了 300 系列的 HTTP 响应信号。如果将来有人从软重定向切换到硬重定向，那么这会使我们的测试用例不那么脆弱，即对硬重定向也可以适应。

❑ redirectedUrl("/")：验证重定向的路径是/。

该测试方法的机制与之前的测试方法相同。唯一的区别是设置（alice/ROLE_USER）和结果（重定向到/）。

这就是使这些测试方法以安全为中心的原因。这里的重点是，访问相同的端点但使用不同的凭据（或根本没有凭据）产生正确的结果。

由于有了 MockMVC 和 Spring Security Test，我们可以很轻松地使用 Spring MVC 机制并对它进行断言。而且由于 Spring Boot Test 的存在，激活我们的应用程序的实际部分也非常容易，帮助我们建立了对软件的信心。

5.9　小　　结

本章探索了多种编写测试用例的方法。我们分别演示了简单的测试、中级测试和复杂测试。所有这些示例都为我们提供了测试应用程序的不同方面的方法。

每种策略都有不同的权衡。如果愿意花费额外的运行时间，我们可以获得真正的数据库引擎。我们还可以确保安全策略对未经授权和完全授权的用户都适用。

希望这能激发你完全接受应用程序测试的兴趣。

在第 6 章"使用 Spring Boot 配置应用程序"中，我们将学习如何对应用程序进行参数化，配置和覆盖设置。

第 3 篇

使用 Spring Boot 发布应用程序

构建应用程序只是成功的一半，将应用程序发布到生产环境同样至关重要。本篇将介绍如何为各种环境（包括云）配置你的应用程序。我们还将讨论不同的打包程序并将其送到客户手中的方式。最后，我们还将学习如何使用原生镜像提升性能。

本篇包括以下 3 章：
- ❑ 第 6 章，使用 Spring Boot 配置应用程序
- ❑ 第 7 章，使用 Spring Boot 发布应用程序
- ❑ 第 8 章，使用 Spring Boot 构建原生程序

第 6 章　使用 Spring Boot 配置应用程序

在第 5 章"使用 Spring Boot 进行测试"中，我们学习了如何测试应用程序的各个方面，包括 Web 控制器、存储库和域对象。我们还讨论了安全路径测试，以及如何使用 Testcontainers 来模拟生产环境。

本章将学习如何配置应用程序，这是应用程序开发的关键部分。虽然乍一听好像是只需要设置一些属性，但实际上还涉及更深层次的概念。

我们的代码需要连接到现实世界。从这个意义上说，我们谈论的是应用程序连接到的任何东西，包括数据库、消息代理、身份验证系统和外部服务等。将我们的应用程序指向给定数据库或消息代理所需的详细信息包含在这些属性设置中。通过 Spring Boot 使应用程序配置获得优先权，应用程序部署才能顺利面对各种应用场景。

本章的重点是揭示应用程序配置的意义，它是一种使应用程序更好地满足开发人员需求的工具。这样，开发人员就可以将所有时间和精力都花在服务应用程序的需求上。

本章包含以下主题：
- ❑ 创建自定义属性
- ❑ 创建基于配置文件的属性文件
- ❑ 切换到 YAML
- ❑ 使用环境变量设置属性
- ❑ 属性覆盖的顺序

💡 提示：

本章代码网址如下：

https://github.com/PacktPublishing/Learning-Spring-Boot-3.0/tree/main/ch6

6.1　创建自定义属性

本书有多个地方均涉及应用程序属性。例如，第 4 章"使用 Spring Boot 保护应用程序"为了使 Spring Security 的跨站请求伪造（CSRF）令牌可用，在 application.properties 中应用了以下代码：

```
spring.mustache.servlet.expose-request-attributes=true
```

使用属性文件配置应用程序带来了很大的方便。虽然 Spring Boot 提供了许多可以使用的自定义属性，但开发人员也可以创建自己的属性。

让我们从创建一些自定义属性开始。为此创建一个全新的 AppConfig 类，如下所示：

```
@ConfigurationProperties("app.config")
public record AppConfig(String header, String intro,
    List<UserAccount> users) {
}
```

这条 Java 17 记录可以解释如下：

❑ @ConfigurationProperties：这是一个 Spring Boot 注解，表示此记录为属性设置的来源。app.config 值是其属性的前缀。

❑ AppConfig：这是该组类型安全配置属性的名称。我们给它起什么名字并不重要。这些字段本身就是属性的名称，稍后将详细介绍。

这个很小的记录实际上声明了以下 3 个属性：app.config.header、app.config.intro 和 app.config.users。我们可以通过将以下内容添加到 application.properties 中来立即填充它们：

```
app.config.header=Greetings Learning Spring Boot 3.0 fans!
app.config.intro=In this chapter, we are learning how to make a
web app using Spring Boot 3.0
app.config.users[0].username=alice
app.config.users[0].password=password
app.config.users[0].authorities[0]=ROLE_USER
app.config.users[1].username=bob
app.config.users[1].password=password
app.config.users[1].authorities[0]=ROLE_USER
app.config.users[2].username=admin
app.config.users[2].password=password
app.config.users[2].authorities[0]=ROLE_ADMIN
```

这些属性可以解释如下：

❑ app.config.header：要插入模板最顶部的字符串值（我们很快就会这样做）。

❑ app.config.intro：放置在模板中的介绍性字符串。

❑ app.config.users：UserAccount 条目的列表，每个属性拆分成单独的行。方括号表示法用于填充 Java 列表。

这些属性设置固然很酷，但目前还无法访问它们。我们需要通过添加更多代码来启用它们。事实上，它们在哪里并不重要，只要它们在 Spring 组件上，我们就会知道它们将被 Spring Boot 的组件扫描拾取。

这组属性（你可以拥有多个属性）由于是应用程序范围的，因此可以被应用到我们的应用程序的入口点：

```
@SpringBootApplication
@EnableConfigurationProperties(AppConfig.class)
public class Chapter6Application {
    public static void main(String[] args) {
        SpringApplication.run(Chapter6Application.class, args);
    }
}
```

这段代码与前几章的代码非常相似，只是有以下一点不同：

@EnableConfigurationProperties(AppConfig.class)：该注解可激活这个应用程序配置，从而有可能注入任何 Spring bean 中。

其余代码与我们在前面章节中看到的相同。

💡 提示：

启用自定义属性的最佳位置在哪里？事实上，这并不重要。只要它在某个 Spring bean 上被启用，Spring Boot 就会将其添加到应用程序上下文中。当然，如果这组特定的属性是特定于某个 Spring bean 的，则建议将注解放在该 bean 定义上，强调该 bean 附带了一组可配置的属性。如果这些属性由多个 bean 使用，则可以参考我们上面的操作。

由于有了@EnableConfigurationProperties，AppConfig 类型的 Spring bean 将在应用程序上下文中自动注册，并绑定到 application.properties 内部应用的值。

要在 HomeController 中利用它，只需要在类的顶部进行以下更改：

```
@Controller
public class HomeController {

    private final VideoService videoService;
    private final AppConfig appConfig;

    public HomeController(VideoService videoService,
        AppConfig appConfig) {
            this.videoService = videoService;
            this.appConfig = appConfig;
    }
        …该类的其余部分…
```

可以看到，在该 HomeController 中有一个变化：在 VideoService 下面声明了一个 AppConfig 类型的字段，它在构造函数调用中被初始化。

在完成上述修改之后，即可使用它提供的值来显示 HomeController 中的主页模板，示例如下：

```
@GetMapping
public String index(Model model, //
    Authentication authentication) {
    model.addAttribute("videos", videoService.getVideos());
    model.addAttribute("authentication", authentication);
    model.addAttribute("header", appConfig.header());
    model.addAttribute("intro", appConfig.intro());
    return "index";
}
```

这些变化可以解释如下：

❑　模型的"header"属性由 appConfig.header()填充。

❑　模型的"intro"属性由 appConfig.intro()填充。

这将采用我们放入 application.properties 中的字符串值并路由它们，以便它们显示 index.mustache。

要完成该循环，需要对模板进行以下更改：

```
<h1>{{header}}</h1>
<p>{{intro}}</p>
```

我们简单地使用了 Mustache 的双大括号语法来获取{{header}}和{{intro}}属性。以前是硬编码的，现在则是模板变量。

你也许会说，在模板中参数化几个固定值也没什么大不了的，其实不然。为了更好地理解 Spring Boot 配置属性的强大之处，让我们深入研究 users 字段。

这个字段目前还没准备好。为什么？

Java 属性字段基本上是由字符串的键值对构建的，了解这一点很重要。这些值没有用双引号括起来，但它们几乎都是这样处理的。

Spring 内置了一些方便的转换器，但在 AppConfig 用户属性的中心，在 UserAccount 类型中，则是一个 List<GrantedAuthority>。将字符串转换为 GrantedAuthority 的操作并不明确，需要我们编写并注册一个转换器。

处理用户账户的代码以安全为中心，因此在我们现有的 SecurityConfig 中注册此自定义转换器是有意义的：

```
@Bean
@ConfigurationPropertiesBinding
Converter<String, GrantedAuthority> converter() {
```

```
return new Converter<String, GrantedAuthority>() {
    @Override
    public GrantedAuthority convert(String source) {
        return new SimpleGrantedAuthority(source);
    }
};
}
```

这段代码可以解释如下：

❑　@Bean：此转换器必须在应用程序上下文中进行注册，以便正确拾取它。

❑　@ConfigurationPropertiesBinding：由于应用程序属性转换发生在应用程序生命周期的早期，因此 Spring Boot 将仅应用已经应用了此注解的转换器。尽量避免引入其他依赖项。

❑　Convert()：核心是一个通过使用 SimpleGrantedAuthority 将 String 转换为 GrantedAuthority 的小方法。

Spring 转换器非常方便。但是，你的 IDE 可能会鼓励你稍微简化此代码。它可能会建议你将其转换为以下 Java lambda 表达式：

```
return source -> new SimpleGrantedAuthority(source)
```

或者可能建议将其缩减为以下形式的方法引用：

```
return SimpleGrantedAuthority::new
```

但这是行不通的。因为 Java 有类型擦除（type erasure）。在运行时，Java 会丢弃通用信息，这使得 Spring 无法找到合适的转换器并应用它。因此，我们必须保持原样，或者采用不同的策略，如下所示：

```
interface GrantedAuthorityCnv extends Converter<String,
GrantedAuthority> {}
@Bean
@ConfigurationPropertiesBinding
GrantedAuthorityCnv converter() {
    return SimpleGrantedAuthority::new;
}
```

这种针对类型擦除的解决方案解释如下：

❑　GrantedAuthorityCnv：使用自定义接口扩展 Spring 的 Converter 接口（自定义接口应用了我们的通用参数），通过这种方式冻结了 Spring 可以找到和使用的这些参数的副本。

❑　使用这个新接口而不是 Converter<String, GrantedAuthority>，即可切换到更加精简的方法引用。

从表面上看，两种方法的代码数量大致相同，只是将相同信息放在一起的方式不同而已。因此，究竟是采用在 bean 定义中完全扩展的 Converter<String, GrantedAuthority>，还是使用精简而独立的接口，取决于你的个人偏好。

无论采用哪种方式，现在都可以启动应用程序，因为我们知道已经将应用程序的不同方面重新组合为属性驱动。

在掌握了创建自定义属性的方法之后，即可开始探索如何为不同的环境自定义属性文件，这正是接下来我们要讨论的主题。

6.2　创建基于配置文件的属性文件

在 6.1 节"创建自定义属性"中，我们实现了将应用程序的某些方面提取到属性文件中的能力。接下来你需要考虑的是，这种方式究竟可以带来什么？

例如，我们很可能会遇到这样的情况：将应用程序带入一个新环境中之后，你很想知道，"可以针对该环境更改属性吗？"

想象一下，如果我们的应用程序在发布之前必须被安装在可以检查的测试台上，该怎么办？数据库不一样。测试团队可能需要一组不同的测试账户。任何外部服务（消息代理、身份验证系统等）也可能会有所不同。

那么问题来了，"我可以拥有一组不同的属性吗？"

Spring Boot 对此的回答是："可以！"

要清楚地理解这一点，可以创建另一个属性文件。将其命名为 application-test.properties 并加载它，如下所示：

```
app.config.header=Greetings Test Team!
app.config.intro=If you run into issues while testing, let me know!
app.config.users[0].username=test1
app.config.users[0].password=password
app.config.users[0].authorities[0]=ROLE_NOTHING
app.config.users[1].username=test2
app.config.users[1].password=password
app.config.users[1].authorities[0]=ROLE_USER
app.config.users[2].username=test3
app.config.users[2].password=password
app.config.users[2].authorities[0]=ROLE_ADMIN
```

这些备选属性集的解释如下：

❑ application-test.properties：当你在属性文件的基础名称后面附加-test 时，可以使用 Spring 测试配置文件来激活它。

❑ Web 代码是可以为受众调整的。

❑ 测试团队可能会有一组他们想要执行的所有应用场景的用户。

要运行该应用程序，我们要做的就是激活 Spring test 配置文件。有多种方法可以进行这种切换：

❑ 将-Dspring.profiles.active=test 添加到 JVM 中。

❑ 在 UNIX 环境中，使用 export SPRING_PROFILES_ACTIVE=test。

❑ 一些 IDE 甚至直接支持该切换！图 6.1 是来自 IntelliJ IDEA（注意必须是终极版，而非社区版）的屏幕截图。

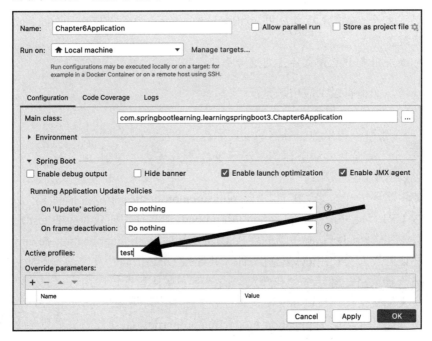

图 6.1　IntelliJ 的 Run（运行）对话框

在图 6.1 底部的 Active profiles（活动配置文件）中可以看到，我们输入了 test。

ℹ️注意：

JetBrains 提供了 IntelliJ IDEA Ultimate Edition（终极版）的 30 天免费试用。如果你使用的是其他开源项目，那么它们也可能有类似选项。就我个人而言，IntelliJ 是我在

整个职业生涯中最喜欢的 IDE。它在很多方面都非常贴心，从 Java 代码到 Spring
Data@Query 注解中的 SQL 字符串，再到属性文件等都是如此。要了解有关 IntelliJ 的
试用选项，可访问以下网址：

https://springbootlearning.com/intellij-idea-try-it

当我们激活 Spring 配置文件时，Spring Boot 会将 application-test.properties 添加到我
们的配置中。

💡 提示：

配置文件是附加性质的。也就是说，当我们激活 test 配置文件时，application-test.
properties 被添加到配置中，它不会替换 application.properties。当然，如果在这两个文件
中都找到某个属性，则以应用的最后一个配置文件为准。考虑到 application.properties 被
视为默认配置文件，在它之后才应用 application-test.propertie。因此，header、intro 和 user
属性都将被覆盖。

你也可以应用多个配置文件，用逗号分隔。

想象一下，如果有以下应用场景：

（1）开发实验室，其中有一个简化版的服务器。

（2）一个带有一组单独服务器的全尺寸测试平台。

（3）一个带有全尺寸服务器的生产环境。

我们可以考虑以下策略：

❑　使生产环境成为默认配置，在 application.properties 中放置指向生产服务器的连
接 URL。此外，在 application-test.properties 文件中捕获对应的 test 配置文件，
其中包含指向测试服务器的连接 URL。最后，通过 application-dev.properties 文
件让开发人员使用 dev 配置文件，其连接 URL 指向开发实验室的服务器。

❑　另一种策略是翻转生产和开发。当任何人默认运行该应用程序时，不会激活自
定义配置文件，它以 dev 模式运行。要在生产环境中运行，需要激活 production
配置文件并应用 application-production.properties。test 配置文件则与上面的示例
相同。

到目前为止，我们已经讨论了不同的环境和真实的物理环境。当然，这些可以是传
统服务器中的各种机架配置，也可以是虚拟化服务器。无论哪种方式，通过使用特定于
环境的配置文件在其他设置中调整连接 URL 都是有价值的。

但这并不是摆在我们面前的唯一选择。

如果我们的应用程序部署在云端，该怎么办？甚至是在不同的云中呢？如果我们从

本节前面讨论的一组传统硬件开始，但管理层最终决定迁移到 AWS、Azure 或 VMware Tanzu，那又该怎么办？

别担心，你无须进入代码并着急进行更改。相反，我们需要做的就是处理一个新的属性文件并插入任何连接细节，以便与基于云的服务进行通信。

6.3　切换到 YAML

Spring 解决问题的方式是提供选项。开发人员根据环境有不同的需求，而 Spring 则试图提供不同的方法来有效地完成任务。

有时，我们需要的属性设置数量可能会激增。使用属性文件的键/值范式，会显得比较笨拙。例如，在 6.2 节"创建基于配置文件的属性文件"中，如果有列表和复杂的值，则必须指定索引值会让这一方法变得有些呆板。

YAML 是一种更加简洁明了的表示相同设置的方式。在这方面比较典型的示例是有序列表。举例来说，我们可以在 src/main/resources 文件夹中创建一个 application-alternate.yaml 文件，如下所示：

```
app:
  config:
    header: Greetings from YAML-based settings!
    intro: Check out this page hosted from YAML
    users:
      -
          username: yaml1
          password: password
          authorities:
            - ROLE_USER
      -
          username: yaml2
          password: password
          authorities:
            - ROLE_USER
      -
          username: yaml3
          password: password
          authorities:
      -   ROLE_ADMIN
```

这些基于 YAML 的设置可以解释如下：

❑　YAML 的嵌套特性可防止重复条目并明确每个属性所在的位置。

❑　users 下方的连字符表示数组条目。

❑　因为 AppConfig 的 users 字段是一个复杂的类型（List<UserAccount>），所以每个条目的每个字段单独列在一行。

❑　因为 authorities 本身就是一个列表，所以它也使用连字符。

在 4.6 节"利用 Google 对用户进行身份验证"中，我们已经看到了如何使用 YAML 配置 Spring Security OAuth2 设置。

YAML 简洁明了，因为它避免了重复的条目。除此之外，它的嵌套特性也使其代码更具可读性。

ℹ️ **注意：**

万事万物皆有利有弊，世上没有完美的事物，对吧？我见过许多基于 YAML 配置文件构建的系统，尤其是在云配置空间。如果你的 YAML 文件太大，以至于无法容纳在一个屏幕上，那么这种很好的可读格式也会带来一些不利的影响，这是因为嵌套级别之间的间距和缩进非常重要。我刚才举的这个例子是一些与 Spring Boot 无关的东西。你将要处理的属性数量可能会很好，但是，如果你从事其他工作并发现了 YAML 不好的一面，也不要感到惊讶。

大多数现代 IDE 额外提供了对 application.properties 和 application.yaml 两个文件的代码完成支持，如图 6.2 所示。

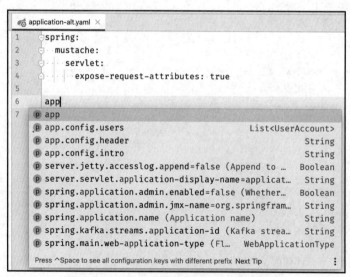

图 6.2　IntelliJ 的属性设置代码完成功能

在图 6.2 中可以看到，虽然可用属性以标准键/值表示法显示，但如果需要，它们将自动应用 YAML 格式。

Spring Boot 鼓励开发人员使用自定义的、类型安全的配置属性类。为了支持我们的配置设置出现在代码完成弹出窗口中——就像图 6.2 显示的那样，我们所要做的就是将以下依赖项添加到 pom.xml 文件中：

```
<dependency>
    <groupId>org.springframework.boot</groupId>
    <artifactId>spring-boot-configuration-processor
        </artifactId>
    <optional>true</optional>
</dependency>
```

当然，这并不是提供属性设置的唯一方法。接下来，我们将学习如何使用环境变量来覆盖属性设置。

6.4　使用环境变量设置属性

如果没有直接从命令行中配置的方法，可配置的应用程序就不完整。这是非常重要的，因为无论我们在应用程序中投入了多少思想和设计，总是会有一些意料不到的东西出现。

被固定设置的应用程序束缚住并且无法覆盖其中填充的各种属性文件，那么这将会是一个问题。

ⓘ警告：

也许你遇到过需要解压缩 JAR 文件、编辑一些属性文件并将其打包的情况。不要这样做！20 年前这样做是可行的，但今天它不再适用。在当今的受控管道和保护发布过程的时代，手动获取 JAR 文件并像这样调整它太冒险了。Spring 团队的真实经验告诉我们，没有必要这么做。

你可以使用环境变量轻松覆盖任何属性。还记得在本章前面我们使用了 IntelliJ IDEA 的 Run（运行）对话框激活配置文件吗（详见图 6.1）？你可以直接从命令行中执行相同的操作，如下所示：

```
$ SPRING_PROFILES_ACTIVE=alternative ./mvnw spring-boot:run
```

该命令可以解释如下：

❑ SPRING_PROFILES_ACTIVE：在基于 Mac/Linux 的系统上引用属性的替代方法。在这种情况下，小点通常不起作用，因此使用带下画线的大写标记。

❑ alternative：要运行的配置文件。事实上，在控制台输出中，你可以看到以下信息：

```
The following 1 profile is active: "alternative"
```

这正是该该配置文件被激活的证明。

❑ ./mvnw：使用 Maven 包装器运行。这是一种无须在系统上安装 Maven 即可方便使用的方法，对于持续集成（continuous integration，CI）系统来说非常方便。

❑ spring-boot:run：激活 spring-boot-maven-plugin 的 run 目标的 Maven 命令。

重要的是要理解，环境变量在以这种方式使用时仅适用于当前命令。要使环境变量在当前 shell 期间持久存在，则必须导出变量（由于与当前主题无关，在这里就不做介绍了）。

要激活多个配置文件也很容易，只需用逗号分隔配置文件名称，如下所示：

```
$ SPRING_PROFILES_ACTIVE=test,alternate ./mvnw spring-boot:run
```

这几乎与激活单个配置文件相同，只是 test 和 alternate 配置文件都已激活。

考虑到 test 和 alternate 配置文件都定义了一组不同的用户，你可能想知道哪些用户是活跃的。这很简单——属性文件是从左到右应用的。

alternate 配置文件由于排在最后，因此将覆盖任何新属性，同时覆盖任何重复项。因此，基于 YAML 的账户最终会被配置。

但是，这并不是涉及属性覆盖和选项的唯一规则。接下来让我们仔细讨论属性覆盖顺序的问题。

6.5 属性覆盖的顺序

1.4.2 节"外部化应用程序配置"已经总结了属性设置的顺序。现在让我们再次查看该选项列表：

❑ Spring Boot 的 SpringApplication.setDefaultProperties()方法提供的默认属性。

❑ @PropertySource 注解的@Configuration 类。

❑ 配置数据（例如 application.properties 文件）。

❑ 仅具有 random.* 属性的 RandomValuePropertySource。

❑ 操作系统环境变量。

❑ Java 系统属性（System.getProperties()）。

❑　来自 java:comp/env 的 JNDI 属性。

❑　ServletContext 初始化参数。

❑　ServletConfig 初始化参数。

❑　来自 SPRING_APPLICATION_JSON 的属性（嵌入在环境变量或系统属性中的内联 JSON）。

❑　命令行参数。

❑　测试环境中的 properties 属性。这可以通过@SpringBootTest 注解和基于切片的测试获得。第 5 章 "使用 Spring Boot 进行测试" 将介绍该操作。

❑　测试环境中的@TestPropertySource 注解。

❑　DevTools 全局设置属性（当 Spring Boot DevTools 处于活动状态时的 $HOME/.config/spring-boot 目录）。

此列表从最低优先级到最高优先级排序。application.properties 文件的优先级非常低，这意味着它提供了一种为我们的属性设置基线的好方法，而且有多种方法可以在测试或部署时覆盖它们。在上述列表中位于 application.properties 下方的项目都是我们可以覆盖该基线设置的方法。

除此之外，配置文件的优先级顺序如下：

❑　打包在 JAR 文件中的应用程序属性。

❑　JAR 文件中特定配置的应用程序属性。

❑　JAR 文件之外的应用程序配置文件。

❑　JAR 文件之外的特定配置的应用程序属性。

这样的优先级顺序是有道理的，因为这意味着我们可以让应用程序属性文件与可运行的 JAR 文件比邻而居，并将它们用作属性的覆盖。还记得之前我们关于不要破解 JAR 并调整其属性的警告吗？你完全不需要这样做，因为只要简单地创建一个新的属性文件即可轻松应用任何调整。

ⓘ 警告：

从命令行中动态地调整属性仍然存在一些风险。无论何时，当你这样做时，都要注意并考虑在版本控制系统中捕获这些更改，也许将它写入一个不同的配置文件中会更好，这样就不会导致你的解决方案被一个没有接收到更改的补丁覆盖之类的糟糕情况。

在软件工程中有一个基本概念是，通过属性设置的力量将代码与配置进行分离。这一思想被称为软件开发十二要素（twelve-factor App），这一概念于 2011 年由云供应商 Heroku（现归 Salesforce 所有）提出。具体来说，就是以下要素（准则）：

（1）基准代码。

一份基准代码，多份部署。

（2）依赖。

显式声明依赖关系。

（3）配置。

在环境中存储配置。

（4）后端服务。

把后端服务当作附加资源。

（5）构建，发布，运行。

严格分离构建和运行。

（6）进程。

以一个或多个无状态进程运行应用。

（7）端口绑定。

通过端口绑定提供服务。

（8）并发。

通过进程模型进行扩展。

（9）易处理。

快速启动和优雅终止可最大化健壮性。

（10）开发环境与线上环境等价。

尽可能保持开发环境、预发布环境和线上环境相同。

（11）日志。

把日志当作事件流。

（12）管理进程。

后台管理任务当作一次性进程运行。

可以看到，配置是其列出的第三个要素。有关其详细解释，可访问以下网址：

英文版：https://12factor.net/
中文版：http://12factor.p2hp.com/

这一思想的要点是将可能因环境而异的一切事物进行外部化处理。当我们使用这种灵活性进行设计时，它可以延长应用程序的寿命。本章有关属性设置的示例可能有点刻意为之，但我们的意图是希望你能看到对某些东西进行外部化的价值。

借助 Spring Boot 将特定于配置文件的属性组合在一起的能力，将此功能应用到我们的代码中会变得更加容易。

　　软件开发十二要素提出的所有要素是否仍适用于今天的开发现状或适用于未来的应用程序？这是值得商榷的。但是，该网站上列出的许多要素确实有助于使我们的应用程序更易于部署、链接和堆叠，就像构建系统的构建块一样。所以，在有空的时候不妨阅读它。

<h2>6.6　小　　结</h2>

　　本章讨论了如何将系统的某些部分外部化，从出现在 Web 层中的内容到允许使用系统进行身份验证的用户列表，都可以进行这种处理。我们演示了如何创建类型安全的配置类，从属性文件引导它们，然后将它们注入应用程序的各个部分中。我们还演示了如何使用基于配置文件的属性，以及如何在使用传统 Java 属性文件或使用 YAML 之间做出选择。最后，本章探索了更多从命令行中覆盖属性设置的方法，并复习了更多覆盖属性方法的综合列表。

　　虽然本章的示例可能不太像真实开发案例，但这个概念仍然是有用的。对于可能因环境而异的属性进行外部化处理，这是一个颇有实用价值的功能，而 Spring Boot 则简化了这种模式的使用。

　　第 7 章 "使用 Spring Boot 发布应用程序" 将介绍如何使用 Spring Boot 帮助发布和管理应用程序。

第7章 使用 Spring Boot 发布应用程序

在第 6 章 "使用 Spring Boot 配置应用程序" 中，我们了解了使用 Spring Boot 配置应用程序的各种方法。这解锁了在多个环境中运行应用程序的能力，从而使其更加灵活。

应用程序最关键的地方是在生产环境中的表现。产品上线之后，如果用户的使用体验很差，那么它显然与开发人员的设想不符。因此，生产环境是决定开发人员成败并让他们望而生畏的地方。好消息是，Spring 团队凭借其丰富经验，在 Spring Boot 中构建了许多功能，以简化应用程序组装、暂存以及部署后最终管理和维护它们的相关过程。

基于本书前面章节介绍的工具，我们将看到 Spring Boot 如何令曾让开发人员害怕的地方变成一个可轻松以对的环境。

本章包含以下主题：

❑ 创建超级 JAR
❑ 组装 Docker 容器
❑ 构建 "正确" 类型的容器
❑ 将应用程序发布到 Docker Hub 上
❑ 在生产环境中进行调整
❑ 使用 Spring Boot 进行扩展

💡 提示：

本章自身没有太多原始代码。相反，第 6 章 "使用 Spring Boot 配置应用程序" 中的代码已被复制到以下存储库中，以便我们可以练习处理各种形式的部署：

https://github.com/PacktPublishing/Learning-Spring-Boot-3.0/tree/main/ch7

7.1 创建超级 JAR

什么是超级 JAR（uber JAR）？你可能听过，也可能没听过。其实在很多编程语言中，都会将 super 称为 uber。所谓超级 JAR，是指它不但包含自己代码中的类，也会包含一些第三方依赖的 JAR，也就是把自身的代码和其依赖的 JAR 全部打包在一个 JAR 中。

曾几何时，开发人员会编译他们的代码，运行脚本将二进制位组装成 ZIP 文件，然后将它们拖曳到应用程序中并刻录成光盘，或暂存到文件中，最后保存到磁带驱动器或光盘之类的大容量存储设备上。

然后，他们会将保存文件的磁带驱动器或光盘转移到专门的房间，这些房间有特别的访问控制或者是城镇另一端安保非常严格的地方。

老实说，这听起来像是后科技时代科幻电影中的场景。

但今天的事实是，生产世界始终与开发世界截然不同，我们谈论的可能是高楼大厦的某个一隅之地有数十名开发人员的隔间，或者是房间另一侧的目标服务器机房；或者如果我们描述的是一家仅有 5 名员工并且分布在世界各地的初创公司，那么它可能会采用部署到亚马逊的基于云的解决方案。

无论采用哪种方式，我们的应用程序必须存在于客户访问它的地方和我们开发的地方，这是两个不同的位置。

最重要的是尽量减少将代码从我们的 IDE 转移到服务器上的所有步骤，以处理来自全球的 Web 请求。

这就是为什么从 2014 年年初开始，Spring Boot 团队提出了一个新想法：构建一个超级 JAR。下面的 Maven 命令就是它所需要的：

```
% ./mvnw clean package
```

这个 Maven 命令有两个部分：

❑ clean：删除 target 文件夹和其他已生成的输出。在构建超级 JAR 之前这样做总是好的，因为这样可以确保所有生成的输出都是最新的。

❑ package：调用 Maven 的打包（package）阶段，这将导致验证、编译和测试阶段以正确的顺序调用。

💡 提示：

如果使用的是 Windows 操作系统，该怎么办？

mvnw 脚本仅适用于 Mac 或 Linux 计算机。你如果使用的是 Windows，则必须具有相应的 shell 环境，或者可以使用./mvnw.cmd。当你使用 start.spring.io 构建项目时，这两种方式可以兼得。

当我们使用 Spring Initializr（https://start.spring.io）时，就像本书前面几章中所做的那样，pom.xml 文件中包含的条目之一是 spring-boot-maven-plugin，如下所示：

```
<plugin>
        <groupId>org.springframework.boot</groupId>
        <artifactId>spring-boot-maven-plugin</artifactId>
</plugin>
```

这个插件挂钩到 Maven 的打包阶段并执行一些额外的步骤：

（1）它将获取最初由标准 Maven 打包程序生成的 JAR 文件（在本示例中为 target/ch7-0.0.1-SNAPSHOT.jar）并提取其所有内容。

（2）它将重命名原始 JAR 以将其放在一边（在本示例中为 target/ch7-0.0.1-SNAPSHOT.jar.original）。

（3）它用原来的名字创建一个新的 JAR 文件。

（4）在新的 JAR 文件中，它增加了 Spring Boot loader 编码器，这是一种胶水代码（glue code），该代码可以从内部读取 JAR 文件，使其成为可运行的 JAR 文件。

（5）它将我们的应用程序代码添加到名为 BOOT-INF 的子文件夹的新 JAR 文件中。

（6）它将我们应用程序的所有第三方依赖 JAR 添加到名为 BOOT-INF/lib 的子文件夹的 JAR 文件中。

（7）它在 BOOT-INF 下面的 JAR 文件中添加了一些关于应用程序层的元数据，包括 classpath.idx 和 layers.idx（7.2 节"组装 Docker 容器"将详细介绍）。

使用 JVM 即可启动我们的应用程序，如下所示：

```
% java -jar target/ch7-0.0.1-SNAPSHOT.jar
      .     ____          _            __ _ _
     /\\ / ___'_ __ _ _(_)_ __  __ _ \ \ \ \
    ( ( )\___ | '_ | '_| | '_ \/ _` | \ \ \ \
     \\/  ___)| |_)| | | | | || (_| |  ) ) ) )
      '  |____| .__|_| |_|_| |_\__, | / / / /
     =========|_|==============|___/=/_/_/_/
      :: Spring Boot ::        (v3.0.0)
    ···etc···
```

通过这样一个简单的命令，我们的应用程序已经从在以开发人员为中心的 IDE 中运行的应用程序被转变为可以在具有正确的 Java 开发工具包（Java development kit，JDK）的任何机器上运行的应用程序。

可能你会认为，这也没有什么了不得的啊？当然，也许是因为本示例非常简单。那么，让我们一起看看到底发生了什么：

❑　无须在任何地方下载和安装 Apache Tomcat servlet 容器。我们正在使用嵌入式 Apache Tomcat。这意味着这个微小的 JAR 文件携带着自我运行的方式。

❑　无须像传统软件运行过程那样，安装应用程序服务器、构建 WAR 文件、使用一些乱七八糟的程序集文件将其与第三方依赖项结合以构建 EAR 文件，以及将整个过程托付给一些糟糕的用户界面等。

❑　现在我们可以将整个部署事宜推送给我们最喜欢的云提供商，并命令系统运行
10000 个副本。

在部署方面，让 Maven 输出一个仅依赖于 Java 的可运行应用程序是非常了不起的。

💡 提示：今昔对比

在过去的日子（1997 年），将要发布程序时，我通常的做法是向各个部门负责人申
请（是的，需要身体走动），让他们在一张纸上签名。

获得批准之后，我将用编译的二进制文件刻录一张光盘。以此为基础，我将执行一
个包含 17 页的处理程序的其余部分，实际上就是构建二进制文件，并将它们带到实验室
或客户的网站上安装软件。这个过程通常需要数天的时间。

因此，我们才说消除这些发布的技术障碍是非常了不起的。

应该指出的是，超级 JAR 并不是由 Spring Boot 团队发明的。Maven Shade 插件自 2007
年以来一直存在。这个插件的工作是执行相同的步骤，将所有内容捆绑到一个 JAR 文件
中，但其方式有所不同。

这个插件将解包所有传入的 JAR 文件，无论是我们的应用程序代码还是第三方依
赖项。所有解包的文件都被混合到一个新的 JAR 文件中。这个新文件被称为阴影 JAR
（shaded JAR）。

其他一些工具和插件也在做同样的事情，但它们以这种方式混合东西从根本上来讲
其实是错误的。

某些应用程序需要位于 JAR 中才能正常工作。非类文件也存在未在正确位置结束的
风险。从 JAR 文件中使用第三方类的应用程序可能会出现一些异常行为，并且你也有可
能违反某些库的许可。

你如果询问任何库维护者，当你超出其发布方式使用他们发布的 JAR 文件时，他们
是否会处理错误报告，则可能无法获得预期的支持。

Spring Boot 只是让我们的代码像第三方 JAR 文件一样运行，不需要阴影 JAR。

但有一件事是一样的，那就是该应用程序已准备好在你安装了 JDK 的任何地方运行。

如果你的目标机器没有 JDK，那又该怎么办？

看下一节！

7.2　组装 Docker 容器

在软件开发领域风靡速度最快的技术之一是 Docker。如果你还没有听说过，那么我

可以告诉你，Docker 有点像虚拟机，但更轻量级。

Docker 建立在运输容器的范式之上。在现实世界中我们看到，负责在轮船和火车上运输货物的集装箱具有共同的形状。这意味着人们可以自行计划如何运输他们的产品，而且知道全世界的集装箱都是相同的尺寸和结构。

Docker 建立在 Linux 的 libcontainer 库之上，这是一个工具包，它提供的不是完全虚拟的环境，而是部分虚拟的环境。它允许容器的进程、内存和网络堆栈与主机服务器隔离。

实际上，你在所有目标机器上都可安装 Docker 引擎。你可以根据需要自由安装任何容器来执行你需要的操作。

你无须浪费时间制作整个虚拟机，只需即时启动容器即可。凭借 Docker 更加面向应用程序的特性，它成为一个更加灵活的选择。

Spring Boot 内置了 Docker 支持。

💡 提示：Docker 不是实验性的吗？

Docker 自 2013 年以来一直存在。当我在 2017 年写作 *Learning Spring Boot 2.0* 第二版图书时，当时它是高度实验性的。所以，我没有提到它。人们偶尔会使用它，可能是为了演示或其他一次性任务，但它并没有被广泛用于生产环境中的系统。

但是快进到今天，你可以看到 Docker 几乎无处不在。每个基于云的提供商都支持 Docker 容器。最流行的持续集成（CI）系统允许你运行基于容器的作业。有太多的公司都是围绕 Docker 容器系统的编排模式而建立的。例如，Atomic Jar 是一家围绕 Docker 测试平台 Testcontainers 而成立的公司。要求开发人员和系统管理员在本地机器和面向客户的服务器上安装 Docker 已不再和以前一样是个大问题。

假设你已经在机器上安装了 Docker（你可以从访问 docker.com 开始，然后按照该网站的提示操作），运行以下命令：

```
% ./mvnw spring-boot:build-image
```

这一次，Spring Boot Maven 插件将执行自定义任务来组装容器，而不是连接到 Maven 构建和部署生命周期的任何特定阶段。

组装容器是一个 Docker 习惯用语，意思是组装运行容器所需的所有部件。组装意味着我们只需要生成一次这个容器的镜像，然后就可以根据需要多次重复使用它来运行尽可能多的实例。

当 Spring Boot 执行构建映像的过程时，它首先运行 Maven 的打包阶段。这包括运行单元测试的标准补充。之后，它将组装我们在 7.1 节 "创建超级 JAR" 中谈到的超级 JAR。

有了可运行的超级 JAR，Spring Boot 就可以进入下一阶段：利用 Paketo Buildpacks

将正确类型的容器组合在一起。

7.3　构建"正确"类型的容器

"正确"类型的容器是什么意思？

Docker 内置了一个涉及层的缓存解决方案。如果构建容器的给定步骤与之前的容器组装过程相比没有变化，那么它将使用 Docker 引擎的缓存层。

但是，如果某些方面发生了变化，那么它将使缓存层无效并创建一个新层。

缓存层可以包括从构成容器的基础映像（例如，如果你正在扩展一个基于 Ubuntu 的裸容器）到下载的 Ubuntu 包再到自定义代码的所有内容。

我们不想做的一件事是将应用程序的自定义代码与应用程序使用的第三方依赖项混合在一起。例如，如果我们使用的是 Spring Framework 6.0.0 的 GA 版本，那么缓存肯定会有用。那样的话，就不用反复拉取它了。

但是，如果我们的自定义代码被混合到同一层中，并且要更改单个 Java 文件，则整个层都会失效，我们必须重新拉取所有层。

因此，将 Spring Boot、Spring Framework、Mustache 和其他库放在一个层中，而将我们的自定义代码放在一个单独的层中，是一个很好的设计选择。

在过去，这需要好几个手动步骤。但是现在 Spring Boot 团队已经将这种分层方式设为默认配置！查看以下运行./mvnw spring-boot:build-image 返回的信息摘录：

```
[INFO] --- spring-boot-maven-plugin:3.0.0:build-image (defaultcli)
@ ch7 ---
[INFO] Building image 'docker.io/library/ch7:0.0.1-SNAPSHOT'
[INFO]
[INFO]        > Pulled builder image 'paketobuildpacks/builder@
sha256:9fb2c87caff867c9a49f04bf2ceb24c87bde504f3fed88227e9ab5d9
a572060c'
[INFO]        > Pulling run image 'docker.io/paketobuildpacks/
run:base-cnb' 100%
[INFO]        > Pulled run image 'paketobuildpacks/run@sha256:
fed727f0622994807560102d6a2d37116ed2e03dddef5445119eb0172
12bbfd7'
[INFO]        > Executing lifecycle version v0.14.2
[INFO]        > Using build cache volume 'pack-cache-564d5464b59a.
build'
...
```

```
[INFO] Successfully built image 'docker.io/library/ch7:0.0.1-
SNAPSHOT'
```

这个控制台总输出的小片段揭示了以下信息：

❑ 它使用 Docker 构建一个名为 docker.io/library/ch7:0.0.1-SNAPSHOT 的镜像。这包括模块的名称和版本，二者都可以在 pom.xml 文件中找到。

❑ 它使用了来自 Docker Hub 的 Paketo Buildpack，这从 paketobuildpacks/builder 和 paketobuildpacks/run 中可以看出来。

❑ 它以一个成功组装的容器结束。

💡 提示：Paketo Buildpacks

Paketo Buildpacks 是一个专注于将应用程序源代码转换为容器镜像的工具。有关其详细信息，可访问以下网址：

https://paketo.io/

Spring Boot 没有自己动手，而是将容器化的任务委托给了 Paketo Buildpacks。实际上就是 Spring Boot 仅负责下载已经完成的容器，这简化了我们组装容器的过程。

💡 提示：完整输出哪里找？

坦率地说，Spring Boot Maven 插件的构建映像任务的完整输出太长太宽，限于篇幅，无法将其完全放入书页中。你如果对此感兴趣，则可以访问以下网址：

https://springbootlearning.com/build-image-output

在目前这个阶段，我们已经有了一个完全组装好的容器。让我们来看看！使用 Docker，现在可以运行容器，如下所示：

```
% docker run -p 8080:8080 docker.io/library/ch7:0.0.1-SNAPSHOT
Calculating JVM memory based on 7163580K available memory
For more information on this calculation, see https://paketo.
io/docs/reference/java-reference/#memory-calculator


     .   ____          _            __ _ _
    /\\ / ___'_ __ _ _(_)_ __  __ _ \ \ \ \
   ( ( )\___ | '_ | '_| | '_ \/ _` | \ \ \ \
    \\/  ___)| |_)| | | | | || (_| |  ) ) ) )
     '  |____| .__|_| |_|_| |_\__, | / / / /
   =========|_|==============|___/=/_/_/_/
   :: Spring Boot ::  (v3.0.0)
```

```
2022-11-18T23:32:30.711Z INFO
1 --- [ main]
c.s.1.Chapter7Application :
Starting Chapter7Application v0.0.1-SNAPSHOT using Java 17.0.5
on 5e4fb7fdead2 with PID 1 (/workspace/BOOT-INF/classes started
by cnb in /workspace)
```

控制台的这一部分输出可以解释如下：

❑ docker run：运行 Docker 容器的命令。

❑ -p 8080:8080：该参数可以将容器的内部端口号 8080 映射到容器外部的每个 8080 端口。

❑ docker.io/library/ch7:0.0.1-SNAPSHOT：容器镜像的名称。

其余输出是 Docker 运行容器的输出。该容器正在运行。事实上，从另一个 shell 中，我们可以通过执行以下操作来查看它的运行情况：

```
% docker ps
CONTAINER  ID        IMAGE                              COMMAND
                     CREATED          STATUS
           PORTS                                 NAMES
5e4fb7fdead2          ch7:0.0.1-SNAPSHOT          "/cnb/process/web"
5 minutes ago         Up 5 minutes                0.0.0.0:8080->8080/tcp
angry_cray
```

docker ps 是显示任何正在运行的 Docker 进程的命令。上述输出放在书页中因位置不够而有点不好辨读，但这其实是一个单行输出，它显示的内容如下：

❑ 5e4fb7fdead2：容器的哈希 ID。

❑ ch7:0.0.1-SNAPSHOT：容器镜像的名称（不带 docker.io 前缀）。

❑ /cnb/process/web：Paketo Buildpack 用于运行我们的 Spring Boot 应用程序的命令。

❑ 5 minutes ago 和 Up 5 minutes：容器何时启动以及启动了多长时间。

❑ 0.0.0.0:8080->8080/tcp：内部到外部网络映射。

❑ angry_cray：Docker 为该容器的实例起的一个人性化名称。可以通过哈希 ID 或 this 来引用实例。

我们可以从该 shell 中关闭它：

```
% docker stop angry_cray
angry_cray
% docker ps
CONTAINER ID        IMAGE          COMMAND        CREATED          STATUS
          PORTS                NAMES
```

这将关闭整个容器。在启动所有内容的控制台上可以看到结果。

ℹ️ **注意：**

在这个运行 Docker 容器的例子中，Docker 选择了一个随机的人性化名称 angry_cray。你所运行的每个容器都会有一个独特的、人性化的名称。可以使用这些细节或容器的哈希 ID 值控制机器上的容器，也可以从 Docker Desktop 应用程序指向并单击它。

完成上述操作之后，接下来让我们看看最重要的步骤：发布容器。

7.4　将应用程序发布到 Docker Hub 上

构建容器只是完成了一个步骤，将容器发布到生产环境中也很重要。你可以考虑将容器推送到你最喜欢的云提供商——几乎所有的云提供商都支持 Docker。当然，你也可以将容器推送到 Docker Hub 上。

ℹ️ **注意：**

你可以访问 Docker Hub 吗？

Docker Hub 提供了多种收费方案。你甚至可以得到一个免费账户。你的公司或大学也可能授予你访问权限。你可以访问以下网址，选择最适合你的计划，并创建你的账户：

https://docker.com/pricing

我们可以直接从控制台中登录 Docker Hub 账户：

```
% docker login -u <your_id>
Password: *********
```

假设上述所有步骤都已完成,则可以通过运行以下命令将容器推送到 Docker Hub 上：

```
% docker tag ch7:0.0.1-SNAPSHOT <user_id>/learning-spring-
boot-3rd-edition-ch7:0.0.1-SNAPSHOT
% docker push <your_id>/learning-spring-boot-3rd-edition-
ch7:0.0.1-SNAPSHOT
```

这些推送步骤隐藏在以下简洁的命令中。第一个命令涉及标记本地容器，如下所示：

❑ docker tag <image> <tag>：使用我们的 Docker Hub 用户 ID 的前缀来标记具有 0.0.1-SNAPSHOT 本地标签的 ch7 的本地容器名称。这很关键，因为我们所有的

　　容器镜像都必须匹配我们的 Docker Hub ID。
- ❑　标记的容器还有一个名称：learning-spring-boot-3rd-edition-ch7。
- ❑　标记的容器本身有一个标签：0.0.1-SNAPSHOT。

上述命令究竟做了些什么？

这可能有点令人困惑。Docker Hub 容器具有以下 3 个特性：

- ❑　容器名称（name）。
- ❑　容器标签（tag）。
- ❑　容器的命名空间（namespace）。

这些特性合在一起就是 namespace/name:tag。此命名约定不必与容器的本地命名相匹配。你可以简单地重复使用它，但由于这将是公开的，因此你可能希望选择其他名称。

标记实际上就是获取本地容器并为其指定公共名称的方法。尽管还有其他 Docker 存储库，但我们目前仍坚持使用 Docker Hub 作为容器存储库。为了符合 Docker Hub 政策，它的 namespace 需要与我们的 Docker Hub 账户 ID 相匹配。

ℹ️ **注意**：

使用 latest 作为标签名怎么样？

Docker Hub 上常见的一个惯例是使用 latest 作为标签名。这意味着抓取带有此类标签的容器将为你提供最新版本，或者至少是最新的稳定版本。但重要的是要理解这只是一个惯例。标记是动态的，可以移动。因此，0.0.1-SNAPSHOT 也可以是一个动态标记，你可以在每次更新应用程序的快照版本时都推送它，就像 latest 一样。管理多个版本的软件发行商采用 Docker Hub，导致管理多个标签以指示正在获取哪个版本。在采用任何容器的标签之前，一定要检查它们的标签策略，这样你就可以准确地了解你得到的东西。

标记容器后，可以使用以下命令将其推送到 Docker Hub 上：

docker push <tagged image>：使用面向公众的已标记镜像的名称将容器推送到 Docker Hub 上。

重申最后一点，你是使用面向公众的名称将容器推送到 Docker Hub 上的。在上述示例中，我们必须使用 gturnquist848/learning-spring-boot-3rd-edition-ch7:0.0.1-SNAPSHOT。

推送容器后，即可在 Docker Hub 上看到它，如图 7.1 所示。

💡 **提示**：到哪里去找 Docker Hub 上的 Docker 容器呢？

图 7.1 来自我的 Docker Hub 存储库。你推送的任何容器都应该在你自己的存储库中。在标记和推送时，使用自己的 Docker Hub ID 很重要！

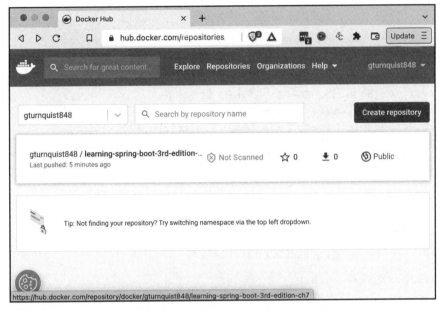

图 7.1　被推送到 Docker Hub 上的 Docker 容器

我们可以更深入地了解 Docker、Docker Hub 和容器世界，你如果对此感兴趣，则可以参考专门讨论该主题的图书。

Spring Boot 的目标是让开发人员能够轻松地将完整的应用程序包装在容器中并将其发布给用户，而且开发人员无须编写任何自定义代码即可做到这一点。

在另一端使用该容器并开始在生产中调整是什么感觉？请看下一节。

7.5　在生产环境中进行调整

应用程序在投入生产之后，我们还需要不断对它进行调整。

这是运营的本质。Spring 团队的各个成员对生产世界并不陌生。

在收到超级 JAR 或容器后，我们可以调整多项内容。

假设我们有一个基于本章代码构建的超级 JAR，则可以轻松地输入以下命令：

```
% java -jar target/ch7-0.0.1-SNAPSHOT.jar
```

这将使用所有默认设置启动应用程序，包括标准 servlet 端口 8080。

但是，如果我们需要它在我们昨天刚安装的另一个 Spring Boot Web 应用程序旁边运行，那该怎么办呢？

所谓的"旁边"，就是说我们需要它来监听不同的端口。在这种情况下，我们需要做的就是运行一个稍微不同的命令，如下所示：

```
% SERVER_PORT=9000 java -jar target/ch7-0.0.1-SNAPSHOT.jar
...
2022-11-20T15:36:55.748-05:00 INFO 90544 ---
[ main] o.s.b.w.embedded.tomcat.
TomcatWebServer : Tomcat started on port(s): 9000 (http)
with context path ''
```

在控制台输出的底部，可以看到 Apache Tomcat 现在正在监听的端口是 9000。

这固然很好，但是每次运行都必须输入额外的参数仍有点麻烦，对吧？

如前文所述，提供自定义配置设置的更好方法是在本地文件夹中设计一个额外的 application.properties 文件。

首先，创建一个新的 application.properties 文件，如下所示：

```
server.port=9000
```

此属性覆盖文件仅包含一个属性：Spring Boot 的 server.port 设置值为 9000。

现在可以像第一次一样运行超级 JAR：

```
% java -jar target/ch7-0.0.1-SNAPSHOT.jar
...
2022-11-20T15:41:09.239-05:00 INFO 91085 ---
[ main] o.s.b.w.embedded.tomcat.
TomcatWebServer : Tomcat started on port(s): 9000 (http)
with context path ''
```

这一次，当 Spring Boot 启动时，它将在本地文件夹中发现 application.properties 文件。然后，它将其中的所有设置作为覆盖应用到 JAR 文件中的设置，瞧！现在我们有一个在端口 9000 上运行的 Web 应用程序。

但这还不是全部。我们需要覆盖的任何属性都可以通过这种方式获取。我们可以有多个覆盖文件。

在这方面有什么示例吗？有的。在这个需求不断变化的世界中，不难想象，有一天经理突然告诉我们，现在需要运行 3 个而不是一个实例。

7.6　使用 Spring Boot 进行扩展

现在假设我们需要在端口 9000、9001 和 9002 上托管我们的应用程序，以与系统管理员刚刚设置的负载均衡器相匹配。

让我们扩展一下，为每个实例想出一个名称，例如 instance1、instance2 和 instance3。

首先，将该本地 application.properties 文件重命名为 application-instance1.properties。

然后，复制该文件并将新文件命名为 application-instance2.properties。编辑该文件，以便为 server.port 分配值 9001。

接下来，制作另一个副本，这次将其命名为 application-instance3.properties。同样，编辑该文件并为其 server.port 分配值 9002。

有了这些文件之后，现在可以使用 Spring Boot 的配置文件支持（profile support）运行 3 个实例。我们将从启动 instance1 开始，如下所示：

```
% SPRING_PROFILES_ACTIVE=instance1 java -jar target/ch7-0.0.1-
SNAPSHOT.jar
...
2022-11-20T15:52:30.195-05:00 INFO 94504 ---
[ main] o.s.b.w.embedded.tomcat.
TomcatWebServer : Tomcat started on port(s): 9000 (http)
with context path ''
```

在这里，我们可以看到 instance1 正在端口 9000 上运行。

打开另一个控制台选项卡并启动 instance2，如下所示：

```
% SPRING_PROFILES_ACTIVE=instance2 java -jar target/ch7-0.0.1-
SNAPSHOT.jar
...
2022-11-20T15:53:36.403-05:00 INFO 94734 ---
[ main] o.s.b.w.embedded.tomcat.
TomcatWebServer : Tomcat started on port(s): 9001 (http)
with context path ''
```

在此控制台输出中，可以看到 instance2 正在端口 9001 上运行。

继续打开第三个控制台选项卡并运行 instance3，如下所示：

```
% SPRING_PROFILES_ACTIVE=instance3 java -jar target/ch7-0.0.1-
SNAPSHOT.jar
...
2022-11-20T15:55:53.062-05:00  INFO 96783 ---
[ main] o.s.b.w.embedded.tomcat.
TomcatWebServer : Tomcat started on port(s): 9002 (http)
with context path ''
```

现在我们的应用程序的 3 个实例在不同的端口上运行。在第一个控制台的输出中，我们可以看到以下内容：

```
2022-11-20T15:52:28.076-05:00 INFO
94504 --- [ main]
c.s.l.Chapter7Application : The
following 1 profile is active: "instance1"
```

上述输出结果显示 Spring Boot 已发现 instance1 配置文件处于活动状态。

其他两个控制台输出中也有类似的条目。

可以这么说，配置文件是一种运行多个实例的强大方式（即使应用程序最初是作为简单的单一应用程序设计的）。

当然，这还不算完成。因为此应用程序的默认配置恰好是 HSQL 内存数据库。这意味着，这 3 个实例不共享公共数据库。

考虑到代码已经使用 Testcontainers 针对 PostgreSQL 进行了集成测试，因此可以调整设置以允许我们指向这样一个数据库的生产实例。

首先，我们需要启动该数据库。Testcontainers 向我们展示了使用 Docker 的方法。

要运行独立实例，请尝试以下操作：

```
% docker run -d -p 5432:5432 --name my-postgres -e POSTGRES_
PASSWORD=mysecretpassword postgres:9.6.12
```

此命令将启动具有以下特性的 PostgreSQL 副本：

❑ -d：实例将作为后台守护进程运行。

❑ -p 5432:5432：标准的 5432 端口将以相同的端口公开。

❑ --name my-postgres：容器将以固定名称而不是随机名称运行。这将防止我们同时运行多个副本。

❑ -e POSTGRES_PASSWORD=mysecretpassword：容器将使用一个环境变量运行，根据 Postgres 的注释，该变量将配置密码。

❑ postgres:9.6.12：在基于 Testcontainers 的集成测试中找到相同的容器信息。

启动并运行后，可以使用以下附加属性更新 application-instance1.properties：

```
# JDBC DataSource settings
spring.datasource.url=jdbc:postgresql://localhost:5432/postgres
spring.datasource.username=postgres
spring.datasource.password=mysecretpassword
# JPA settings
spring.jpa.hibernate.ddl-auto=update
spring.jpa.hibernate.show-sql=true
spring.jpa.properties.hibernate.dialect = org.hibernate.
dialect.PostgreSQLDialect
```

JDBC 的属性可以总结如下：

❏　spring.datasource.url：这是到达基于容器的实例的 JDBC 连接 URL。

❏　spring.datasource.username：包含容器运行的默认 postgres 用户名。

❏　spring.datasource.password：包含我们在本节前面选择的密码。

这些是 Spring Boot 组装 JDBC DataSource bean 所需的所有属性。

JPA 属性可以解释如下：

❏　spring.jpa.hibernate.ddl-auto：这是 Spring Data JPA 设置，它将在必要时更新架构，但不会删除任何东西。

❏　spring.jpa.hibernate.show-sql：这将开启 Spring Data JPA 输出生成的 SQL 语句的能力。

❏　spring.jpa.properties.hibernate.dialect：这是表示我们正在与基于 PostgreSQL 的数据库对话的 Hibernate 属性。

通过所有这些设置，即可调整 JDBC 和 JPA 以与我们几分钟前刚刚启动的 PostgreSQL 数据库容器进行通信。

ℹ️ 注意：生产数据警告！

我们需要处理的一件事是确保 3 个实例都不会创建相同的预加载数据。在第 3 章 "使用 SpringBoot 查询数据" 和第 4 章 "使用 Spring Boot 保护应用程序" 中，我们向应用程序中添加了一些代码，这些代码将预加载用户登录数据，以及一些视频条目。事实上，这些最好用外部工具完成，我们应该让 DBA 处理设置模式和加载数据。应用程序的启动和停止以及运行多个实例并不是应用持久数据管理策略的工具。因此，任何这样的 bean 都需要注释掉，或者至少标记为仅与其他配置文件（如 setup）一起运行。你如果仔细检查本章开头提供的最终代码，则会发现一个 application-setup.properties 文件，以及代码中的此类限制。

我们不会在这里显示这些数据，但如果你希望应用程序预加载这些数据，请使用配置文件 setup 运行它（并且仅在启动数据库后执行一次）。

这种方式完全可以任你发挥，我们甚至可以运行一大堆的副本。虽然通常不会这样做，但编排多个应用程序仍非常有价值。

在编排方面也有多种选择，包括 Kubernetes 和 Spinnaker。

Kubernetes 是一个 Docker 容器编排器。它允许自上而下管理容器和负载均衡器。有关详细信息，可访问以下网址：

https://springbootlearning.com/kubernetes

　　Spinnaker 是一个持续交付管道。它可以将版本和修改提交到我们的 GitHub 存储库中,将它们打包到超级 JAR 中,组装 Docker 容器镜像,然后在生产环境中通过滚动升级来管理它们。有关详细信息,可访问以下网址:

　　https://springbootlearning.com/spinnaker

　　当然,值得一提的还有 VMware Tanzu。Tanzu 是一个完整的包,而不仅仅是一个 Docker 编排器。它对 Kubernetes 以及其他方面都有着可靠的支持。有关详细信息,可访问以下网址:

　　https://springbootlearning.com/tanzu

　　上述所有这些都是强大的工具,每一个都有其优缺点。它们提供了一种全面的方法来管理生产环境中的 Spring Boot 应用程序。

7.7　小　　结

　　本章学习了若干个关键技能,包括创建一个可以在任何地方运行的超级 JAR,组装一个可以在本地运行而不需要 Java 的 Docker 容器镜像,将 Docker 容器推送到 Docker Hub 上以供我们的客户端使用,以及运行超级 JAR 的多个实例并指向一个持久数据库等。

　　在第 8 章“使用 Spring Boot 构建原生程序”中,我们将深入研究提高 Spring Boot 应用程序性能的方式。

第 8 章 使用 Spring Boot 构建原生程序

在第 7 章"使用 Spring Boot 发布应用程序"中，我们学习了多种将应用程序从代码集合转变为可执行文件，从而为任何生产环境（包括云端）做好准备的方法。此外，我们还学习了如何进行调整，以便可以根据需要扩展应用程序。

本章将在前面章节中介绍的工具的基础上，探讨如何使 Spring Boot 应用程序真正为未来做好准备，将它们带到一些最前沿的平台上，并且使其性能提高到爆表。

本章包含以下主题：

❑ 关于 GraalVM
❑ 为 GraalVM 改造应用程序
❑ 在 GraalVM 中运行原生 Spring Boot 应用程序
❑ 需要 GraalVM 的原因
❑ 使用 GraalVM 组装 Docker 容器

🅣 提示：

本章代码位置如下：

https://github.com/PacktPublishing/Learning-Spring-Boot-3.0/tree/main/ch8

本章的重点不是编写 Spring Boot 应用程序，而是将它们编译成更快、更高效的格式（我们很快就会看到）。因此，无须编写新代码。你如果仔细查看上述链接，则会发现本章的代码其实是第 7 章"使用 Spring Boot 发布应用程序"代码的副本。当然，构建文件不太一样，下文会有详细解释。

8.1 关于 GraalVM

多年来，Java 遭受了很多批评。从早期开始，它最大的缺点之一就是它的性能。虽然这些批评在某种程度上是正确的，但 Java 已经通过采用允许它在原始性能水平上与其他平台竞争的策略实现了巨大的飞跃。

然而，人们仍在一些看起来毫无意义的事情上继续批评 Java，比如启动时间。事实上，在自己的虚拟机中运行的 Java 应用程序确实不如 Go 或 C++ 二进制文件快。但在很长一段时间内，这都不是问题，因为 Web 应用程序的正常运行时间通常很长。

但是，新的生产领域暴露了 Java 的这一弱点。持续部署系统可能需要同时运行 10000 个实例并每天替换多次，这使得 30 秒的成本开始增加到人们的云账单上。

生产系统领域的新参与者是可执行功能。这是对的。现在我们可以将单个功能作为整个应用程序部署在诸如 AWS Lambda 之类的平台上，而它们的结果则可以直接被传输到另一个已部署的功能中。

在这些场景中，功能会根据需要立即启动，因此，启动时间等因素在很大程度上决定了人们是否愿意使用该技术。

GraalVM 也因此应运而生。

Oracle 的 GraalVM 本质上是一种新的虚拟机，它支持几乎所有的编程语言。我们的建议是：不要在 JVM 上运行 Java JAR 文件，在 GraalVM 上运行它们！

GraalVM 是一个针对 Java、JavaScript、Python、Ruby、R、C 和 C++的高性能运行时。当你运行数以千计的系统实例时，应用程序的整体性能输出会产生显著差异。

Spring 团队在不断寻求降低 Java 复杂性的过程中，对此也提供了帮助。2019 年开始，实验项目 Spring Native 诞生。从那时起，几乎对 Spring portfolio 的每个方面都进行了调整，以支持将 GraalVM 的强大功能带入任何 Spring Boot 应用程序中的努力。

更棒的是，所有这些都几乎不需要最终用户操心。

因此，在本章的其余部分，我们将以前几章中介绍的应用程序为例，探索如何使其适应 GraalVM 的严格要求。

8.2　为 GraalVM 改造应用程序

构建原生应用程序始终有两种方法：创建全新的应用程序或采用现有应用程序并对其进行更新。由于 Spring Boot 3.0 及其对原生应用程序支持的采用，更新现有应用程序以使用 GraalVM 而不是 JVM 非常容易。

💡 提示：什么是 Java 虚拟机代码？

Java 代码从一开始就一直被编译成字节码（bytecode），这意味着要在 Java 虚拟机（Java virtual machine，JVM）上运行。这样做的结果是通用表达式可以"一次编写，随处运行"（write once，run anywhere）。由于这些文件的每个方面都被 Java 规范捕获，因此任何编译的 Java 字节码都可以在任何兼容的 JVM 上运行，无论它在哪台机器上运行。这与 Java 出现以前的时代大相径庭，以前的时代需要为应用程序部署的每台机器架构单独编译。这在当时是革命性的，并允许其他编译后增强功能，如实时（just-in-time，JIT）编译器加速可以使应用程序更精简。

为 GraalVM 编译应用程序时，需要牺牲一些保留的灵活性来换取更快、内存效率更高的代码。

这可能会引发一个问题：为什么不为 GraalVM 编译我们的每一个应用程序呢？

因为综合权衡。

GraalVM 为了完成它所做的一些事情，需要我们放弃一些关键特性：

❑　对反射的有限支持。

❑　对动态代理的有限支持。

❑　外部资源的特殊处理。

为什么会这样？因为 GraalVM 将对我们的代码执行高级分析。它使用一个称为可达性（reachability）的概念，实际上就是启动应用程序，然后分析 GraalVM 可以看到的代码。任何无法到达的内容都会从最终的原生镜像中删除。

在原生应用程序中仍然可以进行反射。但是因为不是所有的东西都是直接可见的，它可能需要额外的配置，这样就不会遗漏任何东西。

代理也有类似的问题。任何要支持的代理都必须在构建原生镜像时生成。

这意味着通过反射策略、数据反序列化和代理访问代码位会变得更加棘手，而且不像以前那么简单。其中的风险在于，如果我们没有正确捕获它们，那么应用程序的某些部分可能会被删除。

这就是每个 Spring portfolio 项目都在努力工作，以确保我们的应用程序中需要的任何位都有 GraalVM 找到它们的必要提示的原因之一。

🛈 **注意：谨防错误信息**

一些文章介绍了 Spring Boot 3.0 及其对原生镜像的支持，可能会提到反射和代理根本不受支持。这是错误的。Spring Boot 有对反射的支持，但它要求正确注册此类反射调用另一端的代码。关于代理，原生镜像无法在运行时生成和解释字节码。所有动态代理都必须在原生镜像构建时生成。这些限制了反射和代理的使用，但并非完全缺乏支持。

这是 Spring Framework 减少使用反射策略来管理应用程序上下文的原因。这也是 Spring Boot 采用了不代理包含 bean 定义的配置类的通用方法，以减少应用程序中实际代理数量的原因。

在过去的两年中，Spring 团队与 GraalVM 团队不知疲倦地合作，以调整 Spring portfolio 的各个方面，删除不必要的反射调用并减少对代理的需求。最重要的是，他们对 GraalVM 进行了许多改进，以便它可以更好地与 Spring 代码配合使用。

为了开始使用 GraalVM 并运行它，我们将回到 Spring Initializr，其网址如下：

https://start.spring.io

让我们从一组新的信息开始：

❑　　Project（项目）：Maven

❑　　Group（组）：com.springbootlearning.learningspringboot3

❑　　Artifact（工件）：ch8

❑　　Name（名称）：Chapter 8

❑　　Description（描述）：Going Native with Spring Boot

❑　　Package name（包名称）：com.springbootlearning.learningspringboot3

❑　　Packaging（打包）：Jar

❑　　Java：17

❑　　依赖项：

　　　➢　　Spring Web

　　　➢　　Mustache

　　　➢　　H2 Database

　　　➢　　Spring Data JPA

　　　➢　　Spring Security

　　　➢　　GraalVM Native Support

单击 EXPLORE（浏览），将出现显示构建文件的弹出窗口，让我们看到构建 Spring Boot 原生应用程序所需的内容。

找到的 Spring Boot 启动器包括以下内容：

❑　　spring-boot-starter-data-jpa

❑　　spring-boot-starter-web

❑　　spring-boot-starter-mustache

❑　　spring-boot-starter-security

❑　　h2

❑　　spring-boot-starter-test

我们因为使用的是 Spring Data JPA，它涉及（默认情况下）Hibernate 及其代理实体，所以还有以下这个额外的插件：

```
<plugin>
    <groupId>org.hibernate.orm.tooling</groupId>
    <artifactId>hibernate-enhance-maven-plugin</artifactId>
    <version>${hibernate.version}</version>
    <executions>
        <execution>
            <id>enhance</id>
```

```
            <goals>
                <goal>enhance</goal>
            </goals>
            <configuration>
                <enableLazyInitialization>
                    true
                        </enableLazyInitialization>
                <enableDirtyTracking>
                    true
                        </enableDirtyTracking>
                <enableAssociationManagement>
                    true
                        </enableAssociationManagement>
            </configuration>
        </execution>
    </executions>
</plugin>
```

这有助于添加一些额外的设置，Hibernate 团队认为这些设置对于 Hibernate 的代理与 GraalVM 正常工作至关重要。

spring-boot-starter-parent（在我们的构建文件顶部引用）还提供了一个 native Maven 配置文件。当我们启用它时，它会更改 spring-boot-maven-plugin 的设置。其他工具也已上线，包括提前（ahead-of-time，AOT）编译工具集，以及 GraalVM 的 native-maven-plugin。

在 8.3 节中，我们将看到如何利用所有这些工具来构建闪电般快速的原生应用程序。

💡提示：GraalVM 和 Spring Boot

我们将进入代码开发的新领域。我们不仅讨论如何构建 Spring Boot 应用程序，还讨论如何使用 GraalVM 等替代工具来构建它们。你如果想要了解 Spring Boot 对 GraalVM 原生镜像支持的详细信息，则可访问以下网址：

https://springbootlearning.com/graalvm

8.3　在 GraalVM 中运行原生 Spring Boot 应用程序

为 Spring Boot 构建应用程序时的常见约定是运行./mvnw clean package。这会清除旧的垃圾并创建一个新的超级 JAR，这在第 7 章"使用 Spring Boot 发布应用程序"中已经详细介绍过。

使用 Spring Boot 3 构建基于 Maven 的项目需要我们安装 Java 17。但是构建原生镜像时，则需要改变方向。

8.2 节"为 GraalVM 改造应用程序"中提到的 native-maven-plugin，它是 native Maven 配置文件自带的，需要我们安装不同的 JVM。构建原生镜像需要额外的工具。在我们的机器上管理不同 JVM 的最简单方法是使用 sdkman，其网址如下：

https://sdkman.io

💡 提示：sdkman 是什么？

sdkman 是一个开源工具，允许你安装多个 JDK 并轻松地在它们之间进行切换。例如，你可以使用以下命令下载、安装并切换到 Eclipse 基金会的 Temurin java 17.0.3 版本（Eclipse 基金会是 Jakarta EE 的当前维护者）：

```
sdk install java 17.0.3-tem
sdk use java 17.0.3-tem
```

sdkman 还能够安装正确版本的 JDK，例如，如果你使用的是 M1 Mac 或旧版 Intel Mac。在我们的例子中，它允许安装 GraalVM 自己的 JDK，其中包括在我们的机器上构建原生镜像所需的所有工具。

要在 GraalVM 上构建原生应用程序，需要通过输入以下命令安装包含 GraalVM 工具的 Java 17 版本：

```
% sdk install java 22.3.r17-grl
```

安装后，可以通过输入以下命令切换到它：

```
% sdk use java 22.3.r17-grl
```

我们甚至还可以看看这个版本的 Java 有些什么东西：

```
% java -version
openjdk version "17.0.5" 2022-10-18
OpenJDK Runtime Environment GraalVM CE 22.3.0 (build
17.0.5+8-jvmci-22.3-b08)
OpenJDK 64-Bit Server VM GraalVM CE 22.3.0 (build
17.0.5+8-jvmci-22.3-b08, mixed mode, sharing)
```

这是 OpenJDK 版本 17，也称为 Java 17，但它具有 GraalVM CE 版本 22.3.0。实际上，它具有 Java 17 的所有功能以及 GraalVM 22.3。

💡 提示：OpenJDK 是什么？

OpenJDK 是所有 Java 发行版的源。Java 的发明者 SUN Microsystems 和后来的 Oracle 都是先发布 Java 的官方版本。但是，自 Java 7 以来，Java 的所有版本都以 OpenJDK 开始。每个供应商都可以自由使用 OpenJDK 基线，并在他们认为合适的情况下应用添加项。当然，所有 Java 发行版都必须通过 Java 执行委员会发布的技术兼容性工具包（technology compatibility kit，TCK）才能获得 Java 的咖啡杯徽标。

不同的供应商针对不同的时间段提供不同级别的支持，以及他们将要维护或带回源代码的补丁。某些供应商的发行版甚至没有通过 TCK 认证，因此，在选择 JDK 之前，请务必仔细阅读其详细信息。

在激活了 GraalVM CE 的 Java 17 之后，即可在本地构建原生应用程序。为此，需要执行以下命令：

```
% ./mvnw -Pnative clean native:compile
```

💡 提示：想要在 Windows 上构建原生镜像？

Linux 可能是构建原生镜像最简单直接的平台。Mac 也有强大的支持，M1 芯片组中有一些区别。不过，要在 Windows 上构建原生镜像，则需要仔细查看 Spring Boot 参考文档的 Windows 部分，其网址如下：

https://springbootlearning.com/graalvm-windows

在上述网址中可以找到有关需要在计算机上安装哪些东西才能在 Windows 上构建原生镜像的详细信息。此外，在 Windows 上使用 Maven 构建时，不要忘记使用 mvnw.cmd。

此命令将在打开原生配置文件的情况下编译我们的应用程序。它利用了 8.2 节 "为 GraalVM 改造应用程序" 中提到的 native-maven-plugin。与使用标准配置构建相比，此过程可能需要更长的时间，并且会出现很多警告。

该过程涉及完全扫描代码并执行所谓的 AOT 编译。实际上，当 JVM 启动时，它不会以字节码格式将内容转换为本地机器代码，而是提前进行转换。

这需要减少某些功能，例如代理和反射的使用。Spring 使自己支持 GraalVM 的一部分设计就是减少代理的使用并避免不必要的反射。虽然仍有一些方法可以使用这些功能，但它们会使原生可执行文件膨胀并使得原有的一些优势消失。AOT 工具也无法看到反射调用和代理使用另一端的所有内容，因此它们需要注册额外的元数据。

部分输出如图 8.1 所示。

```
[2/7] Performing analysis...  [*********]                                    (50.5s @ 5.54GB)
 32,496 (94.29%) of 34,465 classes reachable
 55,941 (71.35%) of 78,401 fields reachable
156,744 (62.52%) of 250,720 methods reachable
  1,416 classes, 1,822 fields, and 10,190 methods registered for reflection
     67 classes,     75 fields, and     57 methods registered for JNI access
      5 native libraries: -framework CoreServices, -framework Foundation, dl, pthread, z
[3/7] Building universe...                                                   (6.6s @ 4.37GB)
[4/7] Parsing methods...       [**]                                          (3.3s @ 4.85GB)
[5/7] Inlining methods...      [***]                                         (2.0s @ 3.33GB)
[6/7] Compiling methods...     [****]                                        (20.6s @ 5.15GB)
[7/7] Creating image...                                                      (7.3s @ 4.08GB)
 67.76MB (51.26%) for code area:    104,582 compilation units
 63.14MB (47.76%) for image heap:   634,397 objects and 526 resources
  1.29MB ( 0.98%) for other data
132.20MB in total
-------------------------------------------------------------------------------------------
Top 10 packages in code area:                  Top 10 object types in image heap:
  2.29MB jdk.proxy4                             14.76MB byte[] for code metadata
  1.66MB sun.security.ssl                        7.93MB java.lang.Class
  1.16MB java.util                               7.35MB byte[] for embedded resources
914.47KB java.lang.invoke                        6.13MB java.lang.String
717.68KB com.sun.crypto.provider                 5.63MB byte[] for java.lang.String
695.62KB org.hibernate.dialect                   4.49MB byte[] for general heap data
640.51KB org.h2.command                          2.73MB com.oracle.svm.core.hub.DynamicHubCompanion
638.91KB org.apache.tomcat.util.net               2.02MB byte[] for reflection metadata
540.62KB org.h2.table                            1.17MB java.lang.String[]
537.87KB org.apache.catalina.core                1.11MB c.o.svm.core.hub.DynamicHub$ReflectionMetadata
 57.47MB for 1248 more packages                  8.81MB for 5562 more object types
-------------------------------------------------------------------------------------------
        7.6s (7.2% of total time) in 65 GCs | Peak RSS: 8.19GB | CPU load: 5.31
-------------------------------------------------------------------------------------------
Produced artifacts:
/Users/gturnquist/src/learning-spring-boot-3rd-edition-code/ch8/target/ch8 (executable)
/Users/gturnquist/src/learning-spring-boot-3rd-edition-code/ch8/target/ch8.build_artifacts.txt (txt)
```

图 8.1　mvnw -Pnative clean native:compile 的输出

请注意，生成的工件既不是超级 JAR 文件也不是可执行 JAR 文件。相反，它是其构建平台的可执行文件。

ℹ️ **注意:**

自诞生以来，Java 最受欢迎的特性之一就是它可以"一次编写/随处运行"的特性。

这之所以有效，是因为它通常被编译成独立于平台的字节码，并在 JVM 中运行，JVM 是一种虚拟机，可以根据机器的不同而不同。GraalVM 回避了所有这些特性，最终的可执行文件没有这种随处运行的功能。你可以通过在项目的基本目录中输入 file target/ch8 来检查最终的应用程序。在我的机器上，它读取的结果是 Mach-O 64-bit executable arm64。

要运行该原生应用程序，需要执行以下操作：

```
% target/ch8

  .   ____          _            __ _ _
 /\\ / ___'_ __ _ _(_)_ __  __ _ \ \ \ \
( ( )\___ | '_ | '_| | '_ \/ _` | \ \ \ \
 \\/  ___)| |_)| | | | | || (_| |  ) ) ) )
```

```
  '   |___| ._|_| |_|_| |_\_, | / / / /
 ========|_|==============|___/=/_/_/_/
 :: Spring Boot ::                     (v3.0.0)
······omitted for brevity······
2022-11-06T14:35:40.717-06:00 INFO 12263 ---
[ main] o.s.b.w.embedded.tomcat.
TomcatWebServer : Tomcat started on port(s): 8080 (http)
with context path ''
2022-11-06T14:35:40.717-06:00 INFO
12263 --- [ main]
c.s.l.Chapter8Application :
Started Chapter8Application in 0.104 seconds (process running for 0.121)
```

在最后一行，可以看到该应用程序在 0.104 秒内完成启动。对于 Java 应用程序来说，这无疑是快到飞起。

这可能会出现如图 8.2 所示的弹出对话框。

图 8.2　原生应用程序请求接受网络连接的权限

这花费了我们大量的时间和精力。那么，为什么要做这一切呢？

8.4　需要 GraalVM 的原因

配置我们的应用程序以使用 GraalVM 需要一些额外的努力。构建应用程序本身也需要更长的时间。最重要的是，我们还失去了 Java 惊人的"一次编写/随处运行"的灵活性。

为什么要这样做呢？

想象一下，我们需要在云中运行此应用程序的 1000 个副本。如果该应用程序需要 20 秒才能启动会怎样？1000 个实例就意味着 20000 秒或 5.6 小时。

5.6 小时的计费云时间。

这还不算，每次我们推出更改时，都会额外增加 5.6 小时的计费时间。如果我们采用持续交付方式并且每个补丁都提交，那么我们的账单很可能会失控。这也许不是从运维的角度来看，但绝对是从计费的角度来看！

相反，如果我们的应用程序像刚才那样仅在 0.1 秒内启动，那么 1000 个实例也只需要 100 秒的云时间。这节省了太多的成本。

此外，我们的应用程序将在更高效的内存配置中运行。只要持续交付系统在与目标环境相同的操作系统上构建应用程序，那么"一次编写/随处运行"就不是问题。

当然，还有一个挥之不去的问题：如果我们的本地构建机器上没有目标环境该怎么办？如果我们在 Windows 或 Mac 上工作，但我们的云使用基于 Linux 的 Docker 容器运行，又该怎么办？

接下来，就让我们看看这些问题的解决方案。

8.5　使用 GraalVM 组装 Docker 容器

在本章的前面，我们安装了 GraalVM 的 OpenJDK 发行版并在本地构建了原生应用程序。但这不是唯一的方法，也不总是理想的方法。

例如，如果我们计划在基于 Linux 的云配置上运行应用程序，那么在 MacBook Pro 或 Windows 机器上本地构建应用程序是行不通的。

在第 7 章"使用 Spring Boot 发布应用程序"中，我们学习了如何使用 ./mvnw spring-boot:build-image 并让 Paketo Buildpacks 将应用程序组装到 Docker 容器中。我们可以使用类似的方式在 Docker 容器中构建原生应用程序。

只需运行以下命令：

```
% ./mvnw -Pnative spring-boot:build-image
```

这结合了第 7 章"使用 Spring Boot 发布应用程序"的 spring-boot:build-image 命令和 native Maven 配置文件。

此过程可能比在本地构建原生应用程序花费的时间更长，但好处是，完成后，你将拥有一个完全组装的 Docker 容器，其中包含一个原生应用程序。

正如第 7 章"使用 Spring Boot 发布应用程序"所讨论的，现在你有多种选择：可以在木地机器上运行它，将它推送到你的云提供商，或者将应用程序发布到 Docker Hub 上。

ⓘ**警告：**

在撰写本文时，M1 Mac 不支持此选项！如果调用./mvnw -Pnative spring-boot:build-image，它将启动该过程，但在某个阶段，它将简单地挂起，永远不会前进。要停止该过程，必须进入 Docker Desktop 并关闭用于执行此任务的 Paketo Buildpack。

有一些对 spring-boot-maven-plugin 的重写，允许插入替代的 Buildpack 配置。你如果是 spring-boot-starter-parent 的本地用户，则可以从 IDE 内部查看其 pom.xml 文件并查找该原生配置文件——你将看到它们如何使用构建器配置该插件。

完成所有这些之后，你可能仍然会有一些困惑，让我们来简单讨论一下。

8.5.1　Spring Boot 3.0 与 Spring Boot 2.7 和 Spring Native

你可能听说过 Spring Native。已经有很多关于它的博客文章。你甚至可以在 YouTube 上找到谈论使用 Spring Native 的视频（在我的频道上也有），但是你可能已经注意到，本书直到现在才提到 Spring Native。

Spring Native 是一个为 Spring Boot 2.7 构建的实验性桥梁项目。Spring Native 中的代码已成为 Spring Boot 3 和 Spring Framework 6 中的一等公民。你的项目无须添加任何内容即可将其编译为原生模式。

我们确实从 start.spring.io 中添加了 GraalVM Native Support，但那只不过是为 spring-boot-maven-plugin 提供额外的支持。这引入了 hibernate-enhance-maven-plugin 来帮助确保构建所有需要的元数据，以使 GraalVM 正常工作。

但是，用于使原生应用程序正常工作的所有 AOT 处理和元数据管理都在最新版本的 Spring portfolio 中。

8.5.2　GraalVM 和其他库

Spring portfolio 已经调适过以支持 GraalVM，其中的大多数项目都支持它。但这并不意味着我们选择的每个第三方库都受支持（至少目前是如此）。正如 Spring Boot 的参考文档中所述，"GraalVM 原生镜像是一项仍在不断发展的技术，并非所有库都提供支持。"

Spring 团队正在努力工作，他们不仅要确保他们所有的模块最终都支持原生镜像，还要直接与 GraalVM 团队合作，以确保 GraalVM 本身能够正常工作。

要了解有关原生镜像改进的动态，可访问以下网址：

https://spring.io/blog/

8.6　小　　结

本章学习了如何使用GraalVM构建原生镜像。与使用标准JVM构建的应用程序相比，这是一个更快、更高效的应用程序版本。我们还学习了如何使用与 Paketo Buildpacks 相似的方式将原生镜像组装到 Docker 容器中。

在第 9 章"编写响应式 Web 控制器"中，我们将学习如何使 Spring Boot 应用程序更加高效。

第 4 篇

使用 Spring Boot 扩展应用程序

有时我们需要从现有的一组服务器中获得更多性能。虽然简单地购买更多服务器会很好，但还有另一种方法。本篇将介绍响应式编程如何使你的 Spring Boot 应用程序更加高效。

本篇包括以下两章：

- ❏ 第 9 章，编写响应式 Web 控制器
- ❏ 第 10 章，响应式处理数据

第 9 章 编写响应式 Web 控制器

本书前面的 8 章汇集了构建 Spring Boot 应用程序所需的所有关键组件。我们将这些组件捆绑在一个 Docker 容器中，甚至将这些组件调整为在 GraalVM 上以本机模式运行，而不是在标准 JVM 上运行。

但是，如果在完成所有这些操作之后，应用程序仍然有大量空闲时间，该怎么办？如果应用程序因为必须托管大量实例来满足当前需求而使我们的云账单大量失血，又该怎么办？

换句话说，有没有另一种方法，可以在不放弃 Spring Boot 的情况下从整个程序中获得更高的效率？

欢迎使用 Spring Boot 和响应式编程！

本章包含以下主题：

- ❏ 关于响应式编程
- ❏ 创建响应式 Spring Boot 应用程序
- ❏ 通过响应式 GET 方法提供数据
- ❏ 通过响应式 POST 方法使用传入数据
- ❏ 提供响应式模板
- ❏ 响应式创建超媒体

💡 提示：

本章代码位置如下：

https://github.com/PacktPublishing/Learning-Spring-Boot-3.0/tree/main/ch9

9.1 关于响应式编程

几十年来，我们已经看到了旨在帮助扩展应用程序的各种结构。这包括线程池、同步代码块和其他旨在帮助我们安全地运行更多代码副本的上下文切换机制。

总的来说，它们都失败了。

不要误会我的意思。我想说的是，人们运行着庞大的系统，自以为功能强大，但是多线程构造的承诺一直很高，它们的实现却很棘手，坦率地说很难做到正确，而且结果往往很差。

人们最终仍然需要运行 10000 个服务实例，如果我们在 Azure 或 AWS 上托管应用程序，那么这可能会导致每个月的巨额账单。

因此，我们迫切需要有另一种方式。

9.1.1　响应式编程简介

在浏览器中有一个 Reactive JavaScript 工具包，这是一个只有单个线程的环境，但是已经显示出令人难以置信的能力。没错——如果处理得当，这个单线程环境可以扩展并发挥出强大的性能。

我们一直在使用这个术语：响应式（reactive）。这是什么意思呢？

在当前语境中，我们谈论的是 Reactive Streams（响应式流）。以下定义来自官方文档：

> "Reactive Streams 是一项为具有非阻塞背压的异步流处理提供标准的倡议。这包括针对运行时环境（JVM 和 JavaScript）以及网络协议的努力。"
>
> ——Reactive Streams 官方网站
>
> https://www.reactive-streams.org/

我们观察到的一个关键特征是：快速数据流不允许超出流的目的地。Reactive Streams 通过引入称为背压（backpressure）的概念解决了这个问题。

如何理解背压机制呢？打个比方，水通常都是从高处（上游）向低处（下游）流，但是，如果需要，也可以通过抽水机将水从下游抽到上游。背压机制就是这个抽水机。

对于数据流，它通常从上游源生产者传输到下游使用者，背压用基于拉取的系统取代了传统的发布-订阅范式。下游使用者可以联系发布者，并有权要求 1、10 或任何数量的单位来处理它已准备好处理的单位。响应式流中的通信机制称为信号（signal）。

背压信号也被纳入标准，它可以将多个 Reactive Streams 组件链接在一起，导致整个应用程序产生背压。

现在甚至还出现了第 7 层网络协议 RSocket。它类似于 HTTP，因为它运行在 TCP（或 WebSockets/Aeron）之上，并且与语言无关，但它带有内置的背压。Reactive Streams 组件可以借助适当的控制以纯粹的响应方式通过网络进行通信。

背压允许我们做什么？

在传统系统中被迫寻找断点（breaking point）的情况并不少见。系统中的某个地方是某些组件不堪重负的地方。这个问题一旦得到解决，就会转移到下一点，而这通常在主要问题得到解决之前并不明显。

9.1.2　Reactive Streams 详解

Reactive Streams 是一个非常简单的规范，简单到只有 4 个接口：Publisher（发布者）、Subscriber（订阅者）、Subscription（订阅）和 Processor（处理者）。

- ❑ Publisher：一个正在产生输出的组件，无论是一个输出还是无限量的输出。
- ❑ Subscriber：从发布者处接收的组件。
- ❑ Subscription：捕获订阅者开始使用来自发布者的内容所需的详细信息。
- ❑ Processor：同时实现 Publisher 和 Subscriber 的组件。

虽然这很简单，但坦率地说也太简单了。建议寻找一个工具包来实现该规范并提供更多结构和支持来构建应用程序。

关于 Reactive Streams 的另一个需要理解的核心是，它带有信号。每次处理数据或采取行动时，它们都与信号相关联。即使没有数据交换，信号仍然被处理。这意味着在响应式编程中基本上没有 void 方法。因为即使没有数据结果，仍然需要发送和接收信号。

对于本书的其余部分，我们将使用 Spring 团队的 Reactive Streams 实现，即所谓的 Project Reactor。重要的是要了解，虽然 Project Reactor 是由 Spring 团队开发的，但 Reactor 本身没有任何 Spring 依赖项。Reactor 是 Spring Framework、Spring Boot 和 Spring portfolio 的其余组件采用的核心依赖项。它本身就是一个工具包。

这意味着我们不会直接使用 Reactive Streams，而是使用 Project Reactor 的实现。但你最好了解它的来源，以及如何与规范的其他实现（如 RxJava 3）集成。

Project Reactor 是一个严重基于 Java 8 的函数式编程（functional programming）特性并结合了 lambda 函数的工具包。

来看以下代码片段：

```
Flux<String> sample = Flux.just("learning", "spring", "boot") //
    .filter(s -> s.contains("spring")) //
    .map(s -> {
        System.out.println(s);
        return s.toUpperCase();
    }
);
```

Reactor 的这段代码有一些关键方面，解释如下：

❑ Flux：这是 Reactor 的响应式数据流类型，包含 0 个或多个数据单元，每个数据单元都在未来的某个时间点出现。

❑ just()：Reactor 创建 Flux 元素初始集合的方法。

❑ filter()：类似于 Java 8 Stream 的 filter()方法，它只允许来自更早的 Flux 中的数据元素通过（需要满足谓词子句的条件）。在本示例中，过滤条件就是它是否包含"spring"字符串。

❑ map()：类似于 Java 8 Stream 的 map()方法，它允许将每个数据元素转换为其他内容，甚至是不同的类型。在本示例中，它将字符串转换为大写。

这段代码可以描述为流程或响应片段。在称为组装（assembly）的过程中，每一行都被捕获为处理中的一个命令对象。不那么明显的一点是，组装与运行不同。

谈到 Reactive Streams 时，重要的是要理解，在订阅（subscribe）之前什么都不会发生。

因此，onSubscribe 是 Reactive Streams 中第一个也是最重要的一个信号。这表明下游组件已准备好开始使用这些上游事件。

在建立 Subscription 之后，Subscriber 可以发出 request(n)，请求 n 个项目。

然后，Publisher 可以通过订阅者的 onNext 信号开始发布项目。Publisher 可以自由且清楚地发布最多（但不超过）n 次 onNext 方法调用。

Subscriber 可以继续调用订阅的 request 方法，请求获得更多项目。或者，Subscriber 也可以取消其 Subscription。

Publisher 可以继续发送内容，也可以通过 onComplete 信号表示它已经没有更多项目。

现在，这一切都非常简单，但是也有点乏味。因此，建议让框架来处理这一切。应用程序开发人员可以在更高级别编写他们的应用程序，而让框架执行所有的例行响应操作。

在 9.2 节中，你将看到 Spring WebFlux 和 Project Reactor 如何使响应式构建 Web 控制器变得非常简单。

9.2　创建响应式 Spring Boot 应用程序

要开始编写响应式 Web 应用程序，需要创建一个全新的应用程序。为此可以再次访问以下网址：

https://start.spring.io

选择以下设置：

- ❑　Project（项目）：Maven
- ❑　Language（语言）：Java
- ❑　Spring Boot：3.0.0
- ❑　Group（组）：com.springbootlearning.learningspringboot3
- ❑　Artifact（工件）：ch9
- ❑　Name（名称）：Chapter 9
- ❑　Description（描述）：Writing Reactive Web Controllers
- ❑　Package name（包名称）：com.springbootlearning.learningspringboot3
- ❑　Packaging（打包）：Jar
- ❑　Java：17

选择此项目元数据后，现在可以开始选择依赖项。我们不再像前几章那样添加新东西，而是从以下选择开始：

```
Spring Reactive Web (Spring WebFlux)
```

就只有这一项！

以上就是我们开始构建响应式 Web 应用程序所需的全部内容。在本章后面和第 10 章"响应式处理数据"中，我们将再次访问它，以添加新的模块。

单击 GENERATE（生成）并下载 ZIP 文件，我们将在 pom.xml 构建文件中拥有一个带有以下关键内容的 Web 应用程序：

- ❑　spring-boot-starter-webflux：Spring Boot 的启动器，它引入了 Spring WebFlux，Jackson 用于 JSON 序列化/反序列化，Reactor Netty 作为响应式 Web 服务器。
- ❑　spring-boot-starter-test：用于测试的 Spring Boot 的启动器，包括无条件地用于所有项目。
- ❑　reactor-test：Project Reactor 的测试模块，带有额外的工具来帮助测试响应式应用程序，自动包含在任何响应式应用程序中。

我们无意深入讨论响应式编程的所有复杂性，但需要了解的一件事是，Web 容器不能卡在阻塞 API 上，这就是我们需要 Reactor Netty 的原因，这是一个 Project Reactor 库，它使用 Reactor 钩子包装非阻塞 Netty。

请注意，测试至关重要。这就是为什么还包含两个测试模块的原因。本章后面和第 10 章"响应式处理数据"将利用 Reactor 的测试模块。

接下来，让我们先熟悉编写响应式 Web 的方法。

9.3　通过响应式 GET 方法提供数据

Web 控制器通常做以下两件事之一：提供数据或提供 HTML。为了理解响应方式，让我们选择第一个，因为它更简单。

在 9.2 节中，我们看到了 Reactor 的 Flux 类型的简单用法。Flux 是 Reactor 的 Publisher 实现，并提供了大量的响应式操作符。

我们可以采取以下方式在 Web 控制器中使用它：

```
@RestController
public class ApiController {
    @GetMapping("/api/employees")
    Flux<Employee> employees() {
        return Flux.just( //
            new Employee("alice", "management"), //
            new Employee("bob", "payroll"));
    }
}
```

该 RESTful Web 控制器可以解释如下：

❑ @RestController：Spring Web 注解，表示该控制器涉及的是数据，而不是模板。

❑ @GetMapping：Spring Web 注解，将 HTTP GET /api/employees Web 调用映射到该方法上。

❑ Flux<Employee>：返回类型是 Employee 的 Flux 记录。

Flux 有点像将经典的 Java List 与 Future 相结合。但并非真的如此。

List 可以包含多个项目，但 Flux 不会同时包含所有项目。Flux 不会通过经典迭代或 for 循环使用。相反，它们包含了许多面向流的操作，如 map、filter、flatMap 等。

至于与 Future 的相似之处，仅在 Flux 刚形成，其包含的元素通常还不存在时才如此，以后就不一样了。Java 的 Future 类型早于 Java 8，只有一个 get 操作。如前文所述，Flux 有一组丰富的操作符。

最重要的是，Flux 有不同的方法将多个 Flux 实例合并为一，如下所示：

```
Flux<String> a = Flux.just("alpha", "bravo");
Flux<String> b = Flux.just("charlie", "delta");
a.concatWith(b);
a.mergeWith(b);
```

上述代码可以解释如下：
- ❑　a 和 b：两个预加载的 Flux 实例。
- ❑　concatWith：一个 Flux 操作符，它可以将 a 和 b 组合成一个 Flux，其中 a 的所有元素都在 b 的元素之前发出。
- ❑　mergeWith：一个 Flux 操作符，它可以将 a 和 b 组合成一个 Flux，其中元素实时发出，允许在 a 和 b 之间交错。

💡 **提示：你这不是用硬编码数据在 Web 方法中预先加载了 Flux 吗？**

是的，这个例子有点违背了 Flux 在现实应用中的未来主义性质，因为我们没有使用 just 方法预加载 Flux。相反，我们更可能连接一个数据源，如响应式数据库或远程网络服务。使用 Flux 更复杂的 API，可以在条目可用时，在 Flux 中发布条目供下游使用。

在我们定义的 Web 方法中，Flux 数据被移交给 Spring WebFlux，后者将序列化内容并提供 JSON 输出。

重要的是要知道，Reactive Streams 信号的所有处理，包括订阅、请求、onNext 调用以及最后的 onComplete 调用，都是由框架处理的。

理解这一点至关重要，在响应式编程中，在订阅之前不会发生任何事情。不会进行 Web 调用，也不会打开数据库连接。在有人订阅之前不会分配资源。整个系统从一开始就被设计成惰性的。

但是对于 Web 方法，我们让框架执行订阅。

接下来，让我们看看如何设计一个响应式地使用数据的 Web 方法。

9.4　通过响应式 POST 方法使用传入数据

任何提供员工记录的网站肯定有办法输入新的记录，对吧？因此，现在让我们创建一个 Web 方法来执行此操作，并将其添加到我们在 9.3 节 "通过响应式 GET 方法提供数据" 开始的 ApiController 类中：

```
@PostMapping("/api/employees")
Mono<Employee> add(@RequestBody Mono<Employee> newEmployee)
    {
        return newEmployee //
            .map(employee -> {
                DATABASE.put(employee.name(), employee);
                return employee;
```

```
        });
    }
```

对该 Spring WebFlux 控制器的解释如下：

❏ @PostMapping：Spring Web 注解，可以将 HTTP POST /api/employees Web 调用映射到该方法上。

❏ @RequestBody：此注解告诉 Spring Web 将传入的 HTTP 请求正文反序列化为 Employee 数据类型。

❏ Mono<Employee>：Reactor 对单个项目 Flux 的替代。

❏ DATABASE：临时数据存储（Java Map）。

传入的数据被包装在 Reactor Mono 中。这是 Reactor Flux 的单项对应物。通过映射它，我们可以访问它的内容。Reactor Mono 也支持许多操作符，就像 Flux 一样。

虽然我们可以转换内容，但在这种情况下，我们只是将内容存储在 DATABASE 中，然后原封不动地返回它。

💡 提示：map 和 flatMap

在 9.1.2 节 "Reactive Streams 详解" 的初始代码块和本节中，我们可以看到 map 被使用了两次。映射是一个一对一的操作。如果我们在一个有 10 个项目的 Flux 上执行 map，则新的 Flux 也会有 10 个项目。但是，如果有一个项目，比如一个字符串，被映射到它的字母列表中，会怎么样呢？在这种情况下，转换后的类型将是一个列表的列表。

对于很多此类情况，我们希望折叠嵌套，并简单地用所有字母创建一个新的 Flux。这就是展平操作，flatMap 执行的就是展平操作，并且只需一步即可完成。

9.4.1 使用 Project Reactor 扩展应用程序

那么，Project Reactor 到底是如何扩展我们的应用程序的呢？到目前为止，我们已经了解了 Project Reactor 如何为开发人员提供函数式编程风格，但可能并不清楚其可扩展性究竟在哪里发挥作用。

这是因为 Project Reactor 在幕后无缝地处理了两个关键的事情。第一件事是，这些小流程或片段中的每一步都不是直接执行的。相反，每次我们编写映射、过滤器或其他一些 Reactor 操作符时，我们都是在组装东西。这不是执行的时候。

这些操作中的每一个都组装了一个微小的命令对象，其中包含执行我们的操作所需的所有细节。例如，在前面的代码块中，我们将值存储在 DATABASE 中，然后原封不动地返回该值，这些语句全部被包装在 Java 8 lambda 函数中。在调用控制器方法时，不要求同时调用此内部 lambda 函数。

Project Reactor 将汇集所有这些代表操作的命令对象,并将它们堆叠在内部工作队列中。然后它将执行委托给其内置的 Scheduler(调度程序)。这使得 Reactor 可以准确地决定如何执行操作。有多种调度程序可供选择,包括单线程、线程池、Java ExecutorService 以及复杂的有界弹性调度程序等。

当系统资源可用时,你选择的 Scheduler 会处理其积压的工作。通过让 Reactor 流程的每一步都以惰性、非阻塞的方式运行,任何时候只要存在 I/O 绑定延迟,当前线程就不会等待响应。相反,Scheduler 将返回这个内部工作队列,并选择一个不同的任务来执行。这被称为工作窃取(work stealing),它可以将传统的延迟问题转化为完成其他工作的机会,从而提高整体吞吐量。

正如 Spring Data 团队负责人 Mark Paluch 曾经说过的那样,“响应式编程其实是基于对资源可用性的反应。”

之前我们提到 Reactor 在幕后无缝地处理了两个关键的事情。第二件事就是,它并没有使用一个包含 200 个线程的巨大线程池,而是默认使用一个 Scheduler,它的池中每个核心只有一个线程。

9.4.2　Java 并发编程简史

在 Java 并发编程的早期,人们会创建巨大的线程池。但后来开发人员意识到,当线程数多于核心数时,上下文切换会变得非常昂贵。

最重要的是,Java 的核心中嵌入了许多断开的 API。虽然我们从早期就获得了同步方法和块以及锁和信号量等工具,但要既有效又正确地做到这一点真的很难,反倒很容易产生以下结果之一:

(1)正确执行但不增加吞吐量。

(2)提高了吞吐量但也可能出现死锁。

(3)出现了死锁而且还不提高吞吐量。

出现这些问题时通常需要以非直观的方式重写应用程序。

当与惰性、非阻塞工作窃取相结合时,每个核心一个线程的编程方式要高效得多。当然,使用 Project Reactor 进行编码并不是无形的,虽然有一种编程风格可以纳入,但由于它严重倾向于采用与已被广泛采用的 Java 8 Streams 相同的编程风格,因此这并不是早期 Java 并发编程的大问题。

这也是应用程序的每个部分绝对需要以这种方式编写的原因。想象一台只有 4 个 Reactor 线程的 4 核机器。其中一个线程如果遇到阻塞代码并被迫等待,那么将破坏总吞吐量的 25%。

这就是为什么在 JDBC、JPA、JMS 和 servlet 等地方发现的阻塞 API 对于响应式编程来说是一个深远的问题。

所有这些规范都建立在阻塞范式之上，因此它们不适合响应式应用程序，我们将在第 10 章"响应式处理数据"中更详细地探讨这些应用程序。

接下来，让我们看看如何实现响应式模板。

9.5　提供响应式模板

到目前为止，我们已经构建了一个响应式控制器来提供一些序列化的 JSON。但是大多数网站都需要显示 HTML，因此可以考虑使用模板。

由于我们讨论的是响应式编程，因此选择一个不会阻塞的模板引擎是有意义的。出于这个原因，本章将使用 Thymeleaf。

首先，我们需要更新在本章开头构建的应用程序，为此需再次访问以下网址：

https://start.spring.io

在前面的章节中已经多次介绍了该操作，我们不会创建一个全新的项目并重新开始，而是输入与 9.2 节"创建响应式 Spring Boot 应用程序"相同的所有项目元数据。不过，这一次将输入以下依赖项：

❑　Spring Reactive Web
❑　Thymeleaf

现在，不再像上次那样使用 GENERATE（生成），而是单击 EXPLORE（浏览）按钮，这将使网页提供这个准系统项目的在线预览，显示 pom.xml 构建文件。

此时你看到的内容应该与我们之前下载的 pom.xml 文件相同，但是有一个区别：添加了 spring-boot-starter-thymeleaf 新依赖项。我们需要做的就是：

（1）选择该 Maven 依赖项。
（2）将其复制到剪贴板。
（3）将其粘贴到我们的 IDE 的 pom.xml 文件中。

这个额外的 Spring Boot 启动器将下载 Thymeleaf，这是一个模板引擎，它不仅与 Spring Boot 很好地集成，而且还加载了响应式支持。这让我们可以为模板编写一个响应式 Web 控制器，接下来就让我们看看其具体操作。

9.5.1　创建响应式 Web 控制器

本节将创建一个专注于服务模板的 Web 控制器。为此，可以创建一个名为
HomeController.java 的新文件并添加以下代码：

```
@Controller
public class HomeController {
    @GetMapping("/")
    public Mono<Rendering> index() {
        return Flux.fromIterable(DATABASE.values()) //
            .collectList() //
            .map(employees -> Rendering //
                .view("index") //
                .modelAttribute("employees", employees) //
                .build());
    }
}
```

对该控制器方法的解释如下：

- @Controller：Spring Web 的注解，表示该类包含渲染模板的 Web 方法。
- @GetMapping：Spring Web 的注解，用于将 GET / Web 调用映射到此方法。
- Mono<Rendering>：Mono 是 Reactor 的单值响应类型。Rendering 是 Spring
  WebFlux 的值类型，允许传递要显示的视图名称和模型属性。
- Flux.fromIterable()：这个静态辅助方法允许包装任何 Java Iterable，然后使用我
  们的响应式 API。
- DATABASE.values()：这是一个临时数据源。
- collectList()：该 Flux 方法允许将项目流收集到 Mono<List<Employee>>中。
- map()：此操作让我们可以访问 Mono 中的列表，然后将其转换为 Rendering。我
  们希望显示的视图的名称是"index"。还可以使用在此 Mono 中找到的值加载模
  型"employees"属性。
- build()：Rendering 是一个构建器构造，因此这是将所有部分转换为最终的不可
  变实例的步骤。重要的是要了解，在 map()操作内部，输出是 Mono<Rendering>。

了解此 Web 方法的其他一些方面也很重要。

首先，链条末端的 map()操作旨在转换 Mono 内部的类型。在本示例中，它会将
List<Employee>转换为 Rendering，同时将所有内容保留在此 Mono 中。它通过解包原始
的 Mono<List<Employee>>并使用结果创建全新的 Mono<Rendering>来实现。

提示：函数式编程基础

使用容器（如 Flux 或 Mono）的做法是基本的函数式编程，你始终可以映射里面的东西，并将它保留在函数式 Flux 或 Mono 中。你不必担心创建新的 Mono 实例的问题，Reactor API 将为你处理此问题。在此过程中，你只需要专注于转换数据。只要你一直顺畅地封装这些响应式容器类型，框架就会在正确的时间正确地打开它们并正确地显示它们。

另一件重要的事情是我们没有使用真实的数据源。这是存储在基本 Java Map 中的固定数据。这就是为什么该操作看起来有点奇怪：我们使用了 fromIterable 将 Employee 对象的 Java 列表包装到 Flux 中，然后使用 collectList 将它们提取出来。

这是为了说明我们经常面临的现实情况，即得到的是一个 Iterable 集合。代码中显示了正确的操作过程：将其包装到 Flux 中，然后执行各种转换和过滤器，直到我们将其交给 Spring WebFlux 的 Web 处理程序以使用 Thymeleaf 呈现。

现在剩下的一件事就是使用 Thymeleaf 对该模板进行编码。

9.5.2 制作 Thymeleaf 模板

构建基于模板的解决方案的最后一步是在 src/main/resources/templates 下面创建一个新文件 index.html，如下所示：

```html
<html xmlns:th="http://www.thymeleaf.org">
<head>
    <title>Writing a Reactive Web Controller</title>
</head>
<body>
<h2>Employees</h2>
<ul>
    <li th:each="employee : ${employees}">
        <div th:text=
            "${employee.name + ' (' + employee.role + ')'}">
        </div>
    </li>
</ul>
</body>
</html>
```

对该模板的解释如下：

❑ xmlns:th="http://www.thymeleaf.org"：这个 XML 命名空间允许我们使用 Thymeleaf 的 HTML 处理指令。

❑ th:each：Thymeleaf 的 for-each 操作符，可以列出 employees 模型属性中每个条
　目的<li>节点。在每个节点中，employee 是替代变量。

❑ th:text：Thymeleaf 将文本插入节点的指令。在本示例中，我们将员工记录中的
　两个属性使用字符串连接起来。

值得一提的是，此模板中的所有 HTML 标记都已关闭。也就是说，由于 Thymeleaf
的解析器是基于 DOM 的，因此任何标记都不能保持打开状态。大多数 HTML 标签都有
开始和结束标签，但有些没有，例如<IMG>。在 Thymeleaf 中使用此类标签时，必须使
用相应的</IMG>标签或使用<IMG/>快捷方式关闭它们。

💡 提示：Thymeleaf 的优缺点

如果说 Thymeleaf 有什么缺点的话，那就是无论何时我使用它，我都必须打开其参考
页面看看。当然，我如果每天都编写 Thymeleaf 代码的话，那么也许就不需要这样做了。
除此之外，Thymeleaf 还是相当强大的。有一些扩展，例如对 Spring Security 的支持，以
及将安全检查写入模板中的能力，允许根据用户的凭据和授权来显示（或不显示）某些
元素。

总的来说，Thymelaf 在制作 HTML 时也许可以做任何你需要的事情，而不需要使用
它的符号。

现在如果启动我们的响应式应用程序并导航到 http://localhost:8080，那么你将看到一
个漂亮的网页，如图 9.1 所示。

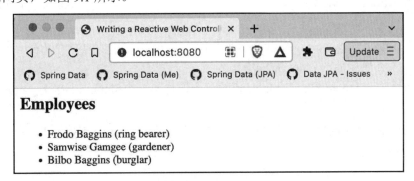

图 9.1　使用 Thymeleaf 渲染的响应式模板

如果没有添加员工数据的功能，那么这将不是一个完整的网站。因此，我们还需要
进入表单绑定的世界。

一般来说，要 POST 一个新对象，必须首先在操作的 GET 部分提供一个空对象，因
此需要更新 index 方法，如下所示：

```
@GetMapping("/")
Mono<Rendering> index() {
    return Flux.fromIterable(DATABASE.values()) //
        .collectList() //
        .map(employees -> Rendering //
            .view("index") //
            .modelAttribute("employees", employees) //
            .modelAttribute("newEmployee", new Employee("", ""))
            .build());
}
```

可以看到，除了加粗显示的行，上述代码与以前的版本相同。它引入了一个新的模型属性 newEmployee，其中包含一个空的 Employee 对象。这就是开始使用 Thymeleaf 制作 HTML 表单所需的全部内容。

在之前创建的 index.html 模板中，需要添加以下代码：

```
<form th:action="@{/new-employee}" th:object=
    "${newEmployee}" method="post">
        <input type="text" th:field="*{name}" />
        <input type="text" th:field="*{role}" />
        <input type="submit" />
</form>
```

该 Thymeleaf 模板可以解释如下：

❑ th:action：Thymeleaf 的指令，形成一个路由的 URL，我们将进一步编码以处理新的 Employee 记录。

❑ th:object：Thymeleaf 的指令，将此 HTML 表单绑定到 newEmployee 记录中，该记录在更新后的 index 方法中作为模型属性提供。

❑ th:field="*{name}"：Thymeleaf 的指令，将第一个<input>连接到 Employee 记录的姓名。

❑ th:field="*{role}"：Thymeleaf 的指令，将第二个<input>连接到 Employee 记录的角色。

其余的都是标准的 HTML 5 <form>，我们不会深入探讨它们。上面解释的部分是将 HTML 表单处理挂接到 Spring WebFlux 中所需的胶水代码。

最后一步是在 HomeController 中编写一个 POST 处理程序，如下所示：

```
@PostMapping("/new-employee")
Mono<String> newEmployee(@ModelAttribute Mono<Employee> newEmployee) {
    return newEmployee //
```

```
        .map(employee -> {
            DATABASE.put(employee.name(), employee);
            return "redirect:/";
        });
}
```

该操作可以解释如下：

❑ @PostMapping：Spring Web 的注解，可以将 POST /new-employee Web 调用映射到该方法上。

❑ @ModelAttribute：Spring Web 的注解，表示此方法旨在使用 HTML 表单（相对于诸如 application/json 请求主体之类的东西）。

❑ Mono<Employee>：这是来自 HTML 表单的入站数据，包装在 Reactor 类型中。

❑ map()：通过映射传入的结果，我们可以提取数据，将其存储在 DATABASE 中，并将其转换为返回/的 HTTP 重定向操作。这将导致 Mono<String>方法返回类型。

该方法中采取的整个操作同样是一个 Reactor 流程，它从传入数据开始，然后转换为传出操作。与摆弄中间变量的经典命令式编程相比，基于 Reactor 的编程通常就是这种风格。

再次运行程序，将看到如图 9.2 所示的页面。

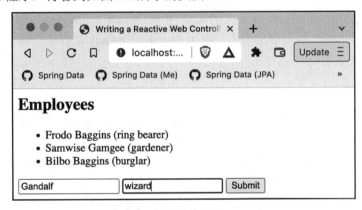

图 9.2　在表单中输入新员工

在图 9.2 所示的页面上，用户输入了新的员工记录。一旦单击 Submit（提交）按钮，POST 处理程序就会启动，存储该数据，然后将网页引导回主页。

这会导致检索 DATABASE 的更新版本，如图 9.3 所示。

可以看到，新输入的员工现在显示在网页上。

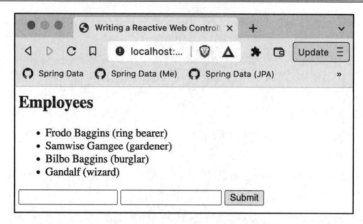

图 9.3　单击 Submit（提交）按钮后，页面重定向回主页

提示：Spring WebFlux 值得这样费劲吗？

这种类型的流程确实会让人感到有点头疼，甚至一开始就很有挑战性。但随着时间的推移，它也可能成为你一贯的编程风格，经常迫使你思考每一步。对于一个标准的 Web 应用程序，你可以质疑这样做是否值得。但是，你如果有一个应用程序要求你运行数百甚至数千个实例，而你的云计算费用正在飙升，那么考虑使用 Spring WebFlux 可能有一个合理的、经济上的理由。请参考我的文章 *Why Reactive Streams are the SECRET to CUTTING your monthly cloud bill*（《为什么 Reactive Streams 是削减每月云账单的秘密武器》），其网址如下：

https://springbootlearning.com/cloud-bill

我们还可以进一步研究混合使用 Spring WebFlux 和 Thymeleaf 的各种方法，但本书的主题是学习 Spring Boot 3.0，而不是学习 Thymeleaf 3.1，所以我们不能离题太远。

接下来，让我们看看另一种有价值的能力——制作超媒体驱动的 API。

9.6　响应式创建超媒体

在本章的开头，我们制作了一个非常简单的 API。它提供了一些非常基本的 JSON 内容。对于这样一个裸 API 来说，它欠缺的是没有任何控件。

超媒体（hypermedia）是指由 API 提供的内容和元数据。此内容和元数据表明可以用数据做什么，或如何找到其他相关数据。

超媒体是我们每天都能看到的东西，至少在网页上就有大量的超媒体，这包括指向其他页面的导航链接、指向 CSS 样式表的链接以及影响更改的链接等。这些东西都很常见。当我们从亚马逊订购某些产品时，并不需要提供链接来实现它，因为网页自动提供了。

JSON 中的超媒体是相同的概念，只不过它是应用于 API 而不是网页。

如果将 Spring HATEOAS 添加到我们的应用程序中，那么该操作就非常容易了！

💡 提示：Spring Boot Starter HATEOAS 与 Spring HATEOAS

你如果转到 start.spring.io 并请求 Spring HATEOS，那么将在应用程序中添加 spring-boot-starter-hateoas。但是这个版本在使用 SpringWebFlux 时是错误的。在很长一段时间里，Spring HATEOAS 仅支持 Spring MVC，大约 4 年前，才真正添加了对 WebFlux 的支持。糟糕的是，Spring Boot Starter HATEOAS 模块引入了对 Spring MVC 和 Apache Tomcat 的支持，这与我们希望在 Reactor Netty 上运行的 Spring WebFlux 应用程序相反。因此，最简单的方法是直接添加 Spring HATEOAS，如以下操作步骤所示。

要将 Spring HATEOAS 添加到响应式应用程序，只需添加以下依赖项：

```
<dependency>
    <groupId>org.springframework.hateoas</groupId>
    <artifactId>spring-hateoas</artifactId>
</dependency>
```

再次感谢 Spring Boot 的依赖管理功能，有了它之后，就无须指定版本号。

添加依赖项完成之后，即可开始构建超媒体驱动的 API。

首先，创建一个名为 HypermediaController.java 的类，如下所示：

```
@RestController
@EnableHypermediaSupport(type = HAL)
public class HypermediaController {
}
```

该控制器类可以解释如下：

❑ @RestController：Spring Web 的注解，用于将此控制器标记为专注于 JSON 序列化而不是模板显示。

❑ @EnableHypermediaSupport：Spring HATEOAS 的注解，用于激活超媒体支持。在本例中为 HAL 支持。

如果使用 Spring Boot Starter HATEOAS，则 HAL 支持将自动激活。但是由于本示例手动插入 Spring HATEOAS，因此我们必须自己激活它。

ⓘ 注意:

@EnableHypermediaSupport 注解只要使用一次即可。本书为了简洁起见,将它仅用于超媒体控制器。在实际应用程序中,最好将其放在具有@SpringBootApplication 注解的同一类中。

准备好所有这些之后,即可为单个项目资源(一个 employee)构建一个超媒体端点,如下所示:

```
@GetMapping("/hypermedia/employees/{key}")
Mono<EntityModel<Employee>> employee(@PathVariable String key) {
    Mono<Link> selfLink = linkTo( //
        methodOn(HypermediaController.class) //
            .employee(key)) //
                .withSelfRel() //
                .toMono();

Mono<Link> aggregateRoot = linkTo( //
    methodOn(HypermediaController.class) //
        .employees()) //
            .withRel(LinkRelation.of("employees"))//
            .toMono();

Mono<Tuple2<Link, Link>> links = Mono.zip(selfLink, aggregateRoot);

return links.map(objects ->
    EntityModel.of(DATABASE.get(key), objects.getT1(),
        objects.getT2()));
}
```

单项 Employee 的这个实现已经加载了内容,其解释如下:

❑ @GetMapping:Spring Web 的注解,表明这将提供 HTTP GET /hypermedia/employee/ {key}方法。

❑ 返回类型是 Mono<EntityModel<Employee>>。在这里,EntityModel 是 Spring HATEOAS 的包含链接的对象的容器。前文已经讨论了 Mono 如何成为响应式编程的 Reactor 包装器。

❑ linkTo():Spring HATEOAS 的静态辅助函数,用于从 Spring WebFlux 方法调用中提取链接。

❑ methodOn():Spring HATEOAS 的静态辅助函数,用于执行控制器的 Web 方法的虚拟调用,以收集用于构建链接的信息。在第一种用法中,我们指向

HypermediaController 的 employee(String key)方法。在第二种用法中，我们指向
HypermediaController 的 employees()方法（尚未编写）。

- withSelfRel()：Spring HATEOAS 的方法，用 self 超媒体关系（hypermedia relation）
  标记 selfLink（下文很快就会看到）。
- withRel(LinkRelation.of("employees"))：Spring HATEOAS 的方法，应用任意
  employee 的超媒体关系。
- toMono()：Spring HATEOAS 的方法，可以获取所有链接构建设置并将它们转换
  为 Mono<Link>。
- Mono.zip()：Reactor 的操作符，用于组合两个 Mono 操作并在两个操作完成时处
  理结果。还有其他用于更大集合的实用程序，但等待两个操作是很常见的，所
  以 zip()是一种快捷方式。
- links.map()：映射 Mono<Link>对象的 Tuple2，提取链接并将它们与获取的
  employee 捆绑到 Spring HATEOAS EntityModel 对象中。

那么 Spring HATEOAS 究竟是做什么的呢？

它将数据（我们一直在使用的数据）与超链接结合起来。超链接使用 Spring HATEOAS
的 Link 类型表示。该工具包充满了简化 Link 对象创建并将它们与数据合并的操作。上述
代码块展示了如何从 Spring WebFlux 方法中提取链接。

为了让 Spring HATEOAS 显示这种数据和链接的合并，我们需要让任何超媒体驱动
的端点返回一个 Spring HATEOAS RepresentationModel 对象或其子类型之一。该列表不
长，具体如下：

- RepresentationModel：数据和链接的核心类型。单项超媒体类型的一种选择是扩
  展此类并将我们的业务值与其合并。
- EntityModel<T>：RepresentationModel 的通用扩展。另一种选择是将我们的业务
  对象注入它的静态构造方法中。这使我们能够将链接和业务逻辑彼此分开。
- CollectionModel<T>：RepresentationModel 的通用扩展。它表示 T 对象的集合，
  而不仅仅是一个。
- PagedModel<T>：CollectionModel 的扩展，表示超媒体感知对象的页面。

重要的是要了解，单个项目的超媒体感知对象可以有一组链接，而超媒体感知对象
的集合可以有一组不同的链接。要正确表示丰富的超媒体感知对象集合，可以将其捕获
为 CollectionModel<EntityModel<T>>。

这意味着整个集合可能有一组链接，例如到聚合根（aggregate root）的链接。集合的
每个条目都可能有一个自定义链接指向其单项资源方法，同时它们都有一个返回聚合根

的链接。

为了更好地理解这一点，让我们实现该聚合根，即上述代码块中提到的超媒体感知端：

```
@GetMapping("/hypermedia/employees")
Mono<CollectionModel<EntityModel<Employee>>> employees() {
Mono<Link> selfLink = linkTo( //
    methodOn(HypermediaController.class) //
        .employees()) //
            .withSelfRel() //
            .toMono();

return selfLink //
    .flatMap(self -> Flux.fromIterable(DATABASE.keySet())) //
        .flatMap(key -> employee(key)) //
        .collectList() //
        .map(entityModels -> CollectionModel.of(entityModels, self)));
}
```

该方法的一部分看起来与前面的代码块非常相似。其不同之处如下：

❑ @GetMapping：将 GET /hypermedia/employees 映射到此方法上，聚合根。

❑ selfLink：指向该方法，是一个固定端点。

❑ 通过 selfLink 使用 flatMap()，然后从 DATABASE 中提取每个条目，利用 employee(String key)方法将每个条目转换为具有单项链接的 EntityModel<Employee>。

❑ 使用 collectList()将所有这些条目捆绑到 Mono<List<EntityModel<Employee>>>中。

❑ 最后对其进行映射，使用聚合根的 selfLink 连接将其转换为 Mono<CollectionModel<EntityModel<Employee>>>。

如果这看起来比前文介绍的方法复杂得多，那是因为它确实如此。但是，将 Web 控制器的方法直接挂接到超媒体输出的显示中，可以确保未来对方法的调整是适当的。

如果运行该应用程序，则可以很容易地看到其结果：

```
% curl -v localhost:8080/hypermedia/employees | jq
{
    "_embedded": {
        "employeeList": [
            {
                "name": "Frodo Baggins",
                "role": "ring bearer",
                "_links": {
                    "self": {
```

```
                            "href": "http://localhost:8080/hypermedia/
                                employees/Frodo%20Baggins"
                        },
                        "employees": {
                            "href": "http://localhost:8080/hypermedia/
                                employees"
                        }
                    }
                },
                {
                    "name": "Samwise Gamgee",
                    "role": "gardener",
                    "_links": {
                        "self": {
                            "href": "http://localhost:8080/hypermedia/
                                employees/Samwise%20Gamgee"
                        },
                        "employees": {
                            "href": "http://localhost:8080/hypermedia/
                                employees"
                        }
                    }
                },
                {
                    "name": "Bilbo Baggins",
                    "role": "burglar",
                    "_links": {
                        "self": {
                            "href": "http://localhost:8080/hypermedia/
                                employees/Bilbo%20Baggis"
                        },
                        "employees": {
                            "href": "http://localhost:8080/hypermedia/
                                employees"
                        }
                    }
                }
            ]
        },
        "_links": {
            "self": {
                "href": "http://localhost:8080/hypermedia/
                    employees"
```

```
        }
    }
}
```

这里面有很多信息，让我们选择一些关键部分进行解释：

❑ _links：HAL 用于显示超媒体链接的格式。它包含链接关系（如 self）和一个 href
  （例如，http://localhost:8080/hypermedia/employees）。

❑ 该集合的 self 链接在底部，两个单项 Employee 对象各自有一个指向自身的 self
  以及一个指向聚合根的 employees 链接。

至于单项 HAL 输出的解释，则留给你作为一项练习。

💡 提示：什么是 self 链接？

在超媒体中，几乎任何表示都会包含所谓的 self 链接。这就是 this 的概念。从本质
上讲，它是指向当前记录的指针。理解上下文很重要。

例如，上面显示的 HAL 输出有多个不同的 self 链接，只有最后一个是这个文档的 self，
其他都是用来查找单个记录的规范链接。

由于链接本质上是不透明的，因此可以考虑使用这些链接导航到这些记录本身。

你可能会问：做这一切的意义何在？

想象一个系统，我们不仅有基于员工的数据，还有其他各种操作。例如，我们可以
构建一整套函数，如 takePTO、fileExpenseReport 和 contactManager 等。在这种情况下，
建立跨各种系统的链接集合，并根据它们的有效时间出现和消失，这使得根据它们是否
相关在 Web 应用程序上显示/隐藏按钮成为可能。

💡 提示：是否应该使用超媒体？

超媒体可以将用户与相关操作和相关数据动态地连接起来。限于篇幅，本章无法深
入研究超媒体的所有优缺点，你如果对此感兴趣，可以访问 *Spring Data REST:Data meets
hypermedia*（《Spring Data REST：当数据遇到超媒体》），其网址如下：

https://springbootlearning.com/hypermedia

该文深入介绍了超媒体和 Spring 的细节。

9.7 小　　结

本章学习了几个关键技能，包括使用 Project Reactor 创建响应式应用程序，推出响应

式 Web 方法来提供和使用 JSON，以及利用 Thymeleaf 响应式生成 HTML 和使用 HTML
表单。我们甚至还使用了 Spring HATEOAS 来响应式生成超媒体感知 API。

　　所有这些功能都是 Web 应用程序的构建块。我们虽然使用了 Java 8 函数式风格将这
些事物链接在一起，但也能够重用本书中使用的相同 Spring Web 注解。

　　通过使用 Reactor 的风格（一种与 Java 8 Streams 非常相似的范式），我们有可能拥
有更高效的应用程序。

　　在第 10 章 "响应式处理数据" 中，我们将演示如何响应式地处理真实数据。

第 10 章　响应式处理数据

在第 9 章 "编写响应式 Web 控制器" 中，我们学习了如何使用 Spring WebFlux 编写响应式 Web 控制器。我们用固定数据加载它，并使用响应式模板引擎 Thymeleaf 创建了 HTML 前端。我们还使用纯 JSON 创建了一个响应式 API，然后使用 Spring HATEOAS 创建了超媒体。当然，我们不得不使用固定数据，是因为手头没有响应式数据存储，本章将解决这个问题。

本章包含以下主题：

❑　响应式获取数据的难题

❑　选择响应式数据存储

❑　创建响应式数据存储库

❑　试用 R2DBC

💡 提示：

本章代码位置如下：

https://github.com/PacktPublishing/Learning-Spring-Boot-3.0/tree/main/ch10

10.1　响应式获取数据的难题

在第 9 章 "编写响应式 Web 控制器" 中，我们介绍了响应式构建网页所需的许多基础知识，但还缺少一个重要的要素：真实数据。

真实数据来自数据库。

很少有应用程序不使用数据库来管理其数据。在这个电子商务网站服务于全球社区的时代，数据库类型选择的广泛性可谓前所未有，无论是关系数据库、键值数据库、文档数据库还是其他数据库均如此。

这甚至让开发人员患上选择困难症，因为很难根据需要选择合适的，考虑到还需要响应式访问数据库，这一选择就更难了。

这样说是有道理的。如果我们不使用第 9 章 "编写响应式 Web 控制器" 介绍的相同响应式策略访问数据库，那么之前所有的努力都将付之东流。重复一个关键点：系统的所有部分都必须是响应式的，否则我们将面临阻塞调用占用线程并破坏吞吐量的风险。

Project Reactor 的默认线程池大小就是正在运行的机器上的核心数。那是因为我们已经看到上下文切换是昂贵的。由于线程数不超过核心数，因此我们可以保证永远不必挂起线程、保存其状态、激活另一个线程并恢复其状态。

通过将如此昂贵的操作从桌面上移除，响应式应用程序可以转而专注于更有效的策略，即简单地返回 Reactor 的运行时以执行下一个任务（也称为工作窃取）。但是，这只有在使用 Reactor 的 Mono 和 Flux 类型及其各种操作符时才有可能。

如果在远程数据库上调用一些阻塞调用，则整个线程将停止，等待答案。想象一台四核机器，其中一个核心就被这样阻塞。在这种情况下，四核系统突然只能使用 3 个核心，其吞吐量立即下降 25%。

这就是各种类型的数据库系统都在实现使用 Reactive Streams 规范的替代驱动程序的原因，这包括 MongoDB、Neo4j、Apache Cassandra 和 Redis 等。

但是，响应式驱动程序到底是什么样子的呢？简单而言就是，数据库驱动程序将处理打开与数据库的连接、解析查询并将其转换为命令，最后将结果返回调用者的过程。基于 Reactive Streams 的编程越来越受欢迎，这促使这些不同的数据库开发者都开始构建响应式驱动程序。

但这里面有一个被卡住的领域就是 JDBC。

对于 Java 来说，所有工具包、驱动程序和策略都通过 JDBC 与关系数据库进行对话。jOOQ、JPA、MyBatis 和 QueryDSL 都在底层使用 JDBC。JDBC 因为是阻塞的，所以根本无法在响应式系统中工作。

ⓘ 注意：

你可能会问，为什么不能只创建一个 JDBC 线程池，并在它前面放置一个对 Reactor 友好的代理呢？事实是，虽然每个传入的请求都可以被调度到一个线程池中，但你会遇到触及线程池极限的风险。这时，下一个响应式调用就将被阻塞，等待线程释放，从而有效地破坏整个系统。

响应式系统的目的是不阻塞，以便其他工作都能完成。线程池只会延迟不可避免的事情，同时还会耗费上下文切换的开销。因此，数据库驱动程序，一直到与数据库引擎本身对话，都需要是 Reactive Streams 范式的，否则阻塞就是免不了的。

JDBC 是一个规范，而不仅仅是一个驱动程序，因此这一关卡看起来几乎是无解的。但是别灰心，办法总比困难多，接下来就让我们看看该怎么做。

10.2　选择响应式数据存储

在意识到 JDBC 无法进行足够的更改以支持 Reactive Streams 范式，并且需要为不断增长的想要响应式编程的 Spring 社区用户提供服务之后，Spring 团队在 2018 年开始采用新的解决方案。他们起草了响应式关系数据库连接（reactive relational database connectivity，R2DBC）规范。

R2DBC 作为规范在 2022 年年初推出了 1.0 版本，在本章的其余部分，我们将使用它来构建响应式关系数据示例。

ℹ️ 注意：R2DBC 详解

你如果想了解 R2DBC 的更多细节，可以查看前 Spring Data 团队负责人 Oliver Drotbohm 在 2018 年 SpringOne 会议上的主题演讲，其网址如下：

https://springbootlearning.com/r2dbc-2018

为简单起见，我们将使用 H2 作为选定的关系数据库。H2 是一个内存数据库，也是一个小巧的可嵌入数据库。它经常用于测试目的，但在本示例中我们要将它用于生产环境的应用程序。

除了 H2，我们还将使用 Spring Data R2DBC。为了获得这两者，可再次访问以下网址：

https://start.spring.io

在选择了与第 9 章"编写响应式 Web 控制器"相同版本的 Spring Boot 并插入相同的元数据之后，现在可以选择以下依赖项：

❑　H2 Database
❑　Spring Data R2DBC

现在单击 EXPLORE（浏览）按钮并向下滚动至 pom.xml 文件的一半左右，你应该会看到以下 3 个条目：

```
<dependency>
    <groupId>org.springframework.boot</groupId>
    <artifactId>spring-boot-starter-data-r2dbc</artifactId>
</dependency>
<dependency>
    <groupId>com.h2database</groupId>
    <artifactId>h2</artifactId>
```

```
    <scope>runtime</scope>
</dependency>
<dependency>
    <groupId>io.r2dbc</groupId>
    <artifactId>r2dbc-h2</artifactId>
    <scope>runtime</scope>
</dependency>
```

对这 3 个依赖项的解释如下：

❑ spring-boot-starter-data-r2dbc：Spring Boot 的 Spring Data R2DBC 启动器。

❑ h2：第三方可嵌入数据库。

❑ r2dbc-h2：Spring 团队的 H2 R2DBC 驱动程序。

重要的是要知道，R2DBC 是非常底层的。它的根本目的是让数据库驱动程序作者更容易实现。作为驱动程序接口的 JDBC 的某些方面被妥协，以使其更容易被应用程序使用。R2DBC 试图解决这个问题。结果是让应用程序直接通过 R2DBC 进行对话实际上非常麻烦。

这就是我们建议使用工具包的原因。在本示例中，我们将使用 Spring Data R2DBC，但你也可以选择你喜欢的其他工具，例如 Spring Framework 的 DatabaseClient 或其他第三方工具包。

在设置好工具之后，即可开始构建响应式数据存储库。

10.3　创建响应式数据存储库

第 3 章"使用 Spring Boot 查询数据"通过从 Spring Data JPA 扩展 JpaRepository 构建了一个易于阅读的数据存储库。对于 Spring Data R2DBC，我们可以这样写：

```
public interface EmployeeRepository extends //
    ReactiveCrudRepository<Employee, Long> {}
```

上述代码可以解释如下：

❑ EmployeeRepository：我们的 Spring Data 存储库的名称。

❑ ReactiveCrudRepository：Spring Data Commons 对任何响应式存储库的基本接口。请注意，这并非特定于 R2DBC，而是针对任何响应式 Spring Data 模块。

❑ Employee：该存储库的域类型（本章还将进一步编码）。

❑ Long：主键的类型。

在第 9 章"编写响应式 Web 控制器"中，我们使用 Java 17 记录编写了一个 Employee

域类型。但是，为了与数据库进行交互，我们需要比这更详细的东西，所以可编写以下代码：

```
public class Employee {
    private @Id Long id;
    private String name;
    private String role;

    public Employee(String name, String role) {
        this.name = name;
        this.role = role;
    }
    // getters, setters, equals, hashCode, and toString
        omitted for brevity
}
```

上述代码可以解释如下：

❑ Employee：域的类型，在 EmployeeRepository 声明中需要。

❑ @Id：Spring Data Commons 的注解，表示包含主键的字段。请注意，这不是 JPA 的 jakarta.persistence.Id 注解，而是特定于 Spring Data 的注解。

❑ name 和 role：我们将使用的另外两个字段。

此域类型的其余方法可以由任何现代 IDE 使用其实用工具生成。有了这一切，即可开始使用 R2DBC 了！

10.4　试用 R2DBC

在可以获取任何数据之前，必须先加载一些数据。虽然这通常是数据库管理员处理的事情，但本章我们只能自己做。为此需要创建一个 Spring 组件，一旦我们的应用程序启动，它就会自动启动一次。

创建一个名为 Startup 的新类并添加以下代码：

```
@Configuration
public class Startup {
    @Bean
    CommandLineRunner initDatabase(R2dbcEntityTemplate
        template) {
            return args -> {
                // Coming soon!
```

```
            }
        }
}
```

上述代码可以解释如下：

- ❑ @Configuration：Spring 的注解，将此类标记为 bean 定义的集合，这是自动配置应用程序所需的。
- ❑ @Bean：Spring 的注解，将该方法变成一个 Spring bean，添加到应用程序上下文中。
- ❑ CommandLineRunner：Spring Boot 的功能接口，用于在应用程序启动后自动执行的对象。
- ❑ R2dbcEntityTemplate：注入该 Spring Data R2DBC bean 的副本，这样我们就可以加载一些测试数据。
- ❑ args -> {}：强制转换为 CommandLineRunner 的 Java 8 lambda 函数。

在这个 Java 8 lambda 函数中要放些什么呢？对于 Spring Data R2DBC，我们需要自己定义模式。如果它还没有在外部定义（这不是本章要讨论的内容），则可以这样写：

```
template.getDatabaseClient() //
    .sql("CREATE TABLE EMPLOYEE (id IDENTITY NOT NULL
        PRIMARY KEY , name VARCHAR(255), role
            VARCHAR(255))") //
    .fetch() //
    .rowsUpdated() //
    .as(StepVerifier::create) //
    .expectNextCount(1) //
    .verifyComplete();
```

上述代码可以解释如下：

- ❑ template.getDatabaseClient()：对于纯 SQL，我们需要访问来自 Spring Framework 的 R2DBC 模块的底层 DatabaseClient，它将完成所有工作。
- ❑ sql()：一种提供 SQL CREATE TABLE 操作的方法。这将使用 H2 的方言创建一个带有自增 id 字段的 EMPLOYEE 表。
- ❑ fetch()：执行 SQL 语句的操作。
- ❑ rowsUpdate()：返回受影响的行数，以便验证它是否可以正常工作。
- ❑ as(StepVerifier::create)：Reactor Test 的操作符，用于将整个响应式流转换为 StepVerifier。StepVerifier 是另一种方便地强制执行响应式流的方法。
- ❑ expectNextCount(1)：验证我们是否返回一行，表明操作有效。

❑　verifyComplete()：确保收到 Reactive Streams onComplete 信号。

上述方法让我们运行一些 SQL 代码来创建准系统架构。当我们转向 Reactor Test 的 StepVerifier 时，它可能会变得有点让人不解。

StepVerifier 对于测试 Reactor 流非常方便，但它也为我们提供了一种有用的方法来强制很小的 Reactor 流，同时允许我们在需要时查看结果。唯一的问题是我们不能使用它，因为默认情况下，当我们使用 Spring Initializr 时，reactor-test 是仅作用于测试范围的。为了使上述代码正常工作，必须进入 pom.xml 文件并删除 <scope>test</ scope>行。然后刷新项目，它就应该可以正常工作了。

有了这些之后，接下来让我们加载一些数据。

10.4.1　使用 R2dbcEntityTemplate 加载数据

到目前为止，我们已经为 Employee 域类型设置了模式（schema）。准备就绪后，即可在 initDatabase() CommandLineRunner 中添加更多 R2dbcEntityTemplate 调用：

```
template.insert(Employee.class) //
    .using(new Employee("Frodo Baggins", "ring bearer"))
    .as(StepVerifier::create) //
    .expectNextCount(1) //
    .verifyComplete();

template.insert(Employee.class) //
    .using(new Employee("Samwise Gamgee", "gardener")) //
    .as(StepVerifier::create) //
    .expectNextCount(1) //
    .verifyComplete();

template.insert(Employee.class) //
    .using(new Employee("Bilbo Baggins", "burglar")) //
    .as(StepVerifier::create) //
    .expectNextCount(1) //
    .verifyComplete();
```

这 3 个调用都具有相同的模式（pattern）。每个调用都可以解释如下：

❑　insert(Employee.class)：定义插入操作。通过提供类型参数，后续操作是类型安全的。

❑　using(new Employee(…))：这里是提供实际数据的地方。

❑　as(StepVerifier::create)：相同模式。使用 Reactor Test 强制响应式流的执行。

❑　expectNextCount(1)：对于单个插入，我们期望单个响应。

❑　verifyComplete()：验证是否收到了 onComplete 信号。

insert()操作实际上返回 Mono<Employee>。这里应该要检查结果，甚至可以获取新生成的 id 值。但由于本示例只是加载数据，因此仅确认它是否正常工作。

接下来，让我们看看如何将提供的响应式数据连接到 API 控制器。

10.4.2　将数据响应式地返回 API 控制器

比较麻烦的工作已经完成。从这里开始，我们可以利用在前面章节中学到的知识。要构建 API 控制器类，需要创建一个名为 ApiController 的类，如下所示：

```
@RestController
public class ApiController {
    private final EmployeeRepository repository;
    public ApiController(EmployeeRepository repository) {
        this.repository = repository;
    }
}
```

对该 API 控制器类的解释如下：

❑　@RestController：Spring 的注解，表示该类不处理模板，而是所有输出都直接被序列化为 HTML 响应。

❑　EmployeeRepository：表示我们通过构造函数注入（constructor injection）方式注入本小节前面定义的存储库。

要返回已经拥有的所有 Employee 记录是非常简单的，只要将以下方法添加到ApiController 类中即可：

```
@GetMapping("/api/employees")
Flux<Employee> employees() {
    return repository.findAll();
}
```

对该 Web 方法的解释如下：

❑　@GetMapping：将 HTTP GET /api/employees 调用映射到此方法上。

❑　Flux<Employee>：表示返回一条（或多条）Employee 记录。

❑　repository.findAll()：通过使用 Spring Data Commons 的 ReactiveCrudRepository接口中预构建的 findAll 方法，我们已经有了一个可以获取所有数据的方法。

在第 9 章 "编写响应式 Web 控制器" 中有一个简单的 Java Map，需要一些技巧才能使其以响应式的方式工作。在本示例中，因为 EmployeeRepository 扩展了 ReactiveCrudRepository，它已经将响应式类型嵌入它的方法的返回类型中，所以不再需要搞什么花样了。

这也意味着可以按以下方式编写基于 API 的 POST 操作：

```
@PostMapping("/api/employees")
Mono<Employee> add(@RequestBody Mono<Employee> newEmployee) {
    return newEmployee.flatMap(e -> {
        Employee employeeToLoad =
            new Employee(e.getName(), e.getRole());
        return repository.save(employeeToLoad);
    });
}
```

对该 Web 方法的解释如下：

❑ @PostMapping()：将 HTTP POST /api/employees 调用映射到此方法上。

❑ Mono<Employee>：该方法最多返回一个条目。

❑ @RequestBody(Mono<Employee>)：该方法会将传入的请求体反序列化为一个 Employee 对象，但是因为它被包装为 Mono，所以该处理只在系统准备就绪时发生。

❑ newEmployee.flatMap()：这是我们访问传入的 Employee 对象的方式。在 flatMap 操作中，实际上制作了一个全新的 Employee 对象，故意丢弃输入中提供的任何 id 值。这确保了一个全新的条目将被添加到数据库中。

❑ repository.save()：EmployeeRepository 将执行 save 操作并返回 Mono<Employee>，其中包含一个新创建的 Employee 对象。这个新对象将拥有一切，包括一个新的 id 字段。

如果你是响应式编程的新手，那么上述要点中解释的操作可能会让你感到有些不解。例如，为什么要使用 flatMap？从一种类型转换为另一种类型时通常使用 Map，在本示例中，我们试图将传入的 Employee 映射到新保存的 Employee 类型中。那为什么不直接使用 Map 呢？

这是因为从 save() 返回的并不是 Employee 对象。它是 Mono<Employee>。如果直接使用 Map 映射它，则会获得 Mono<Mono<Employee>>。

🔵 提示：flatMap 是 Reactor 的万能武器

很多时候，当你不确定该做些什么，或者 Reactor API 似乎不听你的话时，不妨试试万能武器 flatMap()。所有 Reactor 类型都已重载以支持 flatMap，使得诸如 Flux<Flux<?>>、Mono<Mono<?>>之类的问题或它们的每一个组合只要简单地应用 flapMap()，即可得到很好的解决。

如果你使用 Reactor 的 then()运算符，那么这同样适用。在使用 then()之前使用 flatMap()通常可以确保执行上述步骤。

要将响应式 Web 应用程序组合在一起，还有最后一个步骤是填充 Thymeleaf 模板，我们将在 10.4.3 节中解决这个问题。

10.4.3　响应式地处理模板中的数据

为了完成该操作，我们需要创建一个 HomeController 类，如下所示：

```
@Controller
public class HomeController {
    private final EmployeeRepository repository;
    public HomeController(EmployeeRepository repository) {
        this.repository = repository;
    }
}
```

对该类的解释如下：

❑ @Controller：表示这个控制器类专注于显示模板。

❑ EmployeeRepository：表示 EmployeeRepository 也将使用构造函数注入方式注入该控制器中。

有了该类之后，即可使用以下代码在域的根目录下生成 Web 模板：

```
@GetMapping("/")
Mono<Rendering> index() {
    return repository.findAll() //
        .collectList() //
        .map(employees -> Rendering //
            .view("index") //
            .modelAttribute("employees", employees) //
            .modelAttribute
            ("newEmployee", new Employee("", ""))
            .build());
}
```

除了加粗显示的片段，上述代码与第 9 章"编写响应式 Web 控制器"的 index()方法几乎相同：

repository.findAll()：EmployeeRepository 没有将映射的值转换为 Flux，而是通过其

findAll()方法为我们提供了一个 Flux。

其他一切都一样。

现在，为了处理表单支持的 Employee bean，我们需要一个基于 POST 的 Web 方法，具体如下：

```
@PostMapping("/new-employee")
Mono<String> newEmployee(@ModelAttribute Mono<Employee> newEmployee) {
    return newEmployee //
        .flatMap(e -> {
            Employee employeeToSave =
                new Employee(e.getName(), e.getRole());
            return repository.save(employeeToSave);
        }) //
        .map(employee -> "redirect:/");
}
```

这与第 9 章"编写响应式 Web 控制器"的 newEmployee()方法非常相似，差别在于加粗显示的部分：

❑ flatMap()：这在 10.4.2 节"将数据响应式地返回 API 控制器"中已经解释过了，由于 save()返回的是一个 Mono<Employee>，因此需要对结果执行 flatmap。

❑ 10.4.2 节"将数据响应式地返回 API 控制器"还展示了如何从传入的 Employee 对象中提取名称和角色，但忽略任何可能的 id 值，因为我们正在插入一个新条目。然后返回存储库的 save()方法的结果。

❑ map(employee -> "redirect:/")：在这里，我们将已经保存的 Employee 对象转换为重定向请求。

需要指出的重要一点是，在上述代码中，我们将操作拆分开了。在第 9 章"编写响应式 Web 控制器"中，我们实际上是将传入的 Employee 对象映射到重定向请求中，那是因为我们的模拟数据库是非响应式的，所以仅需要一个命令式调用来存储数据。

而本章中的 EmployeeRepository 是响应式的，所以需要将操作拆分开，一个操作集中在 save()上，然后是下一个操作，以将该结果转换为重定向请求。

此外，我们还必须使用 flatMap，因为来自 save()的响应被包装在 Reactor Mono 类中。将 Employee 转换为"redirect:/"不涉及任何 Reactor 类型，因此只需要进行简单的映射。

要获取 index.html 模板，只需要简单地从第 9 章"编写响应式 Web 控制器"中复制它即可，因为它和第 9 章中的内容相同，所以不再赘述。请注意，不需要改动！（或者你也可以从本章配套的 GitHub 存储库位置中获取它）。

至此，我们就有了一个全副武装且可操作的响应式数据存储！

10.5　小　结

本章详细讨论了响应式获取数据的含义。在此基础上，我们选择了一个响应式数据存储并利用 Spring Data 来帮助管理内容。在将数据存储挂接到响应式 Web 控制器上之后，我们还试用了 R2DBC，它是关系数据库的响应式驱动程序。这样，我们就能够构建一个入门性的响应式 Spring Boot 应用程序。

本书前面章节中用于部署的相同策略也同样有效。除此之外，我们在本书中介绍过的其他功能也可以使用。

学习了本书涵盖的所有内容之后，你应该可以使用 Spring Boot 3.0 进行下一个（或当前）项目的开发。真诚地希望 Spring Boot 3.0 让你对构建新应用程序感到兴奋。

如果你想探索有关 Spring Boot 的更多内容，请查看以下资源：

❑　本书作者的 YouTube 频道，其中包含有关 Spring Boot 的免费视频：

http://bit.ly/3uSPLCz

❑　每周更新的有关 Spring Boot 以及一般软件工程的文章：

https://springbootlearning.com/medium

❑　定期发布的音频播客，将采访 Spring 社区的领导者或分享有关 Spring 开发世界的点滴知识：

https://springbootlearning.com/podcast

编码快乐！